# A⁺思维训练营

―― 5 级 ――

[英]卡尔顿编辑部 编　　罗密 译

世界图书出版公司
上海·西安·北京·广州

**图书在版编目（CIP）数据**

A⁺思维训练营.5级 / 英国卡尔顿编辑部编；罗密译.—上海：上海世界图书出版公司，2010.5
ISBN 978-7-5100-1942-5

Ⅰ.①A… Ⅱ.①英…②罗… Ⅲ.①思维方法—训练 Ⅳ.①B804

中国版本图书馆CIP数据核字(2010)第053183号

Copyright © 2008 Carlton Books Limited under the title BRAIN TRAINING PUZZLES. Simplified Chinese edition published by arrangement with Shuyi Publishing.

## A⁺思维训练营：5级

[英]卡尔顿编辑部 编 罗密 译

上海世界图书出版公司 出版发行
上海市广中路88号
邮政编码 200083
昆山市亭林印刷有限责任公司印刷
如发现印刷质量问题，请与印刷厂联系
（质检科电话：0512-5775-1097）
各地新华书店经销

开本：787×1092 1/32 印张：5.5 字数：60 000
2010年5月第1版 2010年5月第1次印刷
印数：1-8000
ISBN 978-7-5100-1942-5/G·142
图字：09-2010-095号
定价：19.00元
http://www.wpcsh.com.cn
http://www.wpcsh.com

# 目 录

## Contents

序言 ………………………… 4

谜题 ………………………… 6

答案 ………………………… 157

# 序 言

欢迎进入A⁺思维训练营。

你会打开这本书，可能是因为你不想再浪费更多的脑细胞，或者因为你觉得自己的脑子有老化的趋势，更可能是因为你的记忆力已经大不如从前了。当然，你选择本书也可能仅仅是因为喜欢益智游戏。无论你基于何种理由选择了本书，好消息就是——只要你能解答出很多题目，那你的大脑一定可以得到锻炼。大脑同身体一样，需要坚持不懈地锻炼，才能保持健康。

但是，请切记——关注大脑不像维护汽车电瓶，只需加满水就足够了，对大脑你不仅仅需要锻炼，还要保持充足的睡眠，不要给自己过多的压力，还要注意饮食。也许这些建议出现在一本益智类图书上有些奇怪，但是如果你真的关心你的大脑，你就会关注所有与此有关的事情——当然，不要忘了从中享受快乐！

让我们回过头来看本书中的益智游戏。书中涉及了许多不同的游戏类型，你可以随意地挑选来做。最好的方法就是每天做上几道题，持之以恒。如果你在对付某道题时被卡住了的话，没关系，跳过它做另外一题；也许等你回头再来做时，你会发现那道让你头痛了几个小时的题原来并不难。

不要放弃，玩得开心，最重要的是尽情享受！

# 找出不同的

下面哪个图形与其他的图形都不相同?

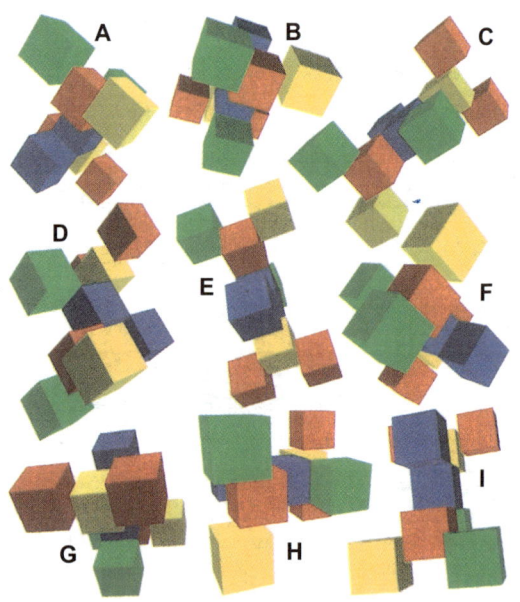

答案参见第157页。

# 图案配对

下面只有一块瓷砖的图案是唯一的,其他的图案都可以互相配对。你能找出那个成单的吗?

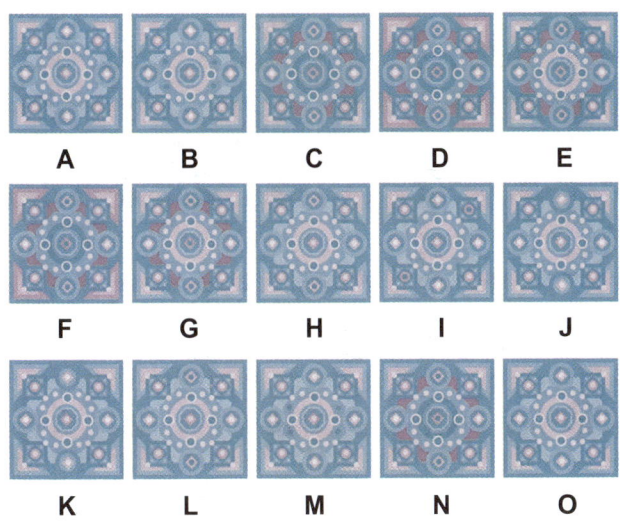

答案参见第157页。

# 扫雷

下图方格内的数字代表了该方格四周黑色格子的数量。将这些格子涂黑,直到所有的数字都被正确数量的黑格所包围。

| 0 |   |   | 1 | 2 |   |   | 2 |
|---|---|---|---|---|---|---|---|
| 1 |   | 2 | 1 |   |   |   | 2 |
|   |   | 2 |   | 2 | 2 | 2 |   |
| 2 |   | 2 |   |   |   |   | 0 |
|   | 1 | 1 | 2 |   | 2 | 1 |   |
| 2 |   | 1 |   | 2 |   | 2 | 1 |
|   | 3 |   |   | 3 | 5 |   | 3 |
| 2 |   | 2 | 2 |   |   |   |   |

答案参见第157页。

# 数独

请沿着下面的网格画一根线穿过所有的圆圈,将它们连接起来。该线必须从每个方格边线的中央进出。

黑色圆圈:线在该方格中向左或向右转,并笔直穿过前、后相邻的两个方格。

白色圆圈:线笔直穿过该方格,并在后面和(或)前面相邻的方格转弯。

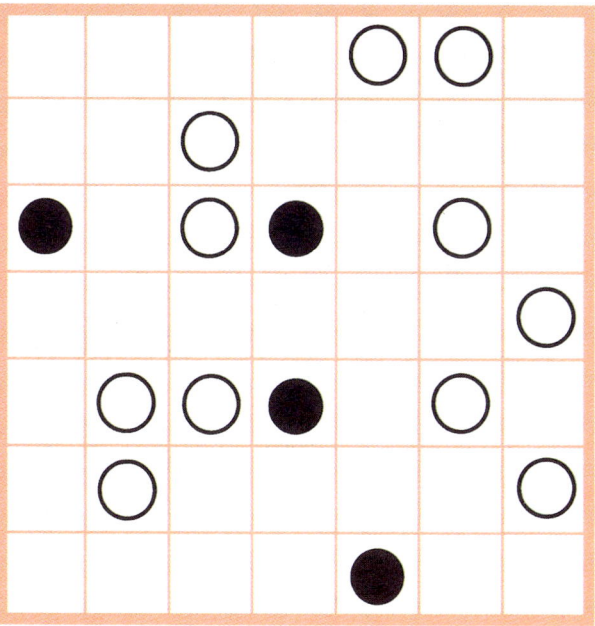

答案参见第157页。

# 配对

下列图形中只有两个完全一样。你能找出来吗?

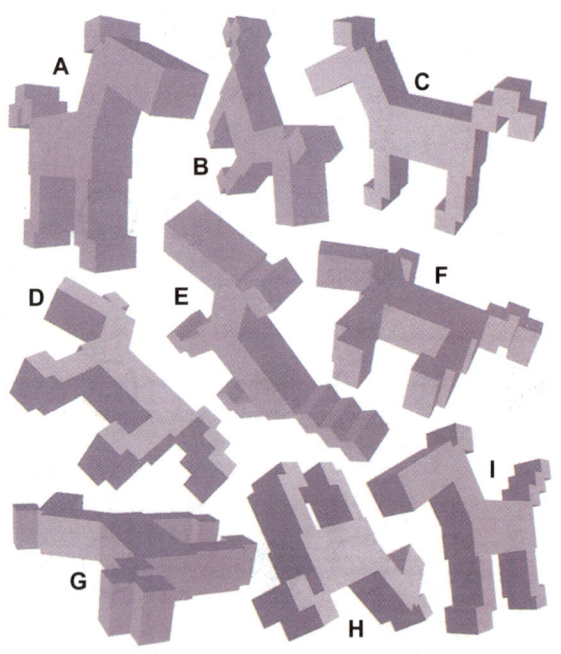

答案参见第157页。

# 大变身

图B中每个六边形的颜色与图A有直接的联系。你能根据这个规则给图C涂上恰当的颜色吗?

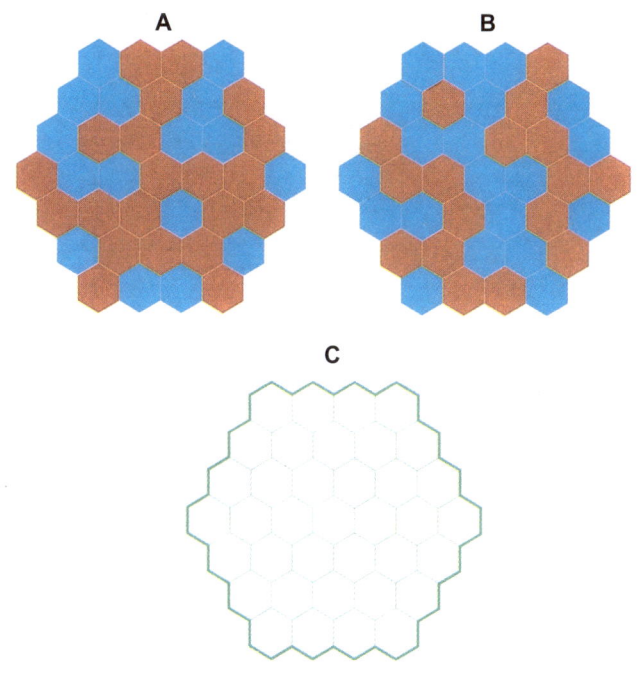

答案参见第157页。

# 营地针叶树

每棵树 ▲ 的横向或纵向相邻的格子有一顶帐篷 ▲。任意两项帐篷不能出现在相邻的格子中（包括对角线）。右侧和底部的数字代表了该行或该列内帐篷的数量。你能确定所有帐篷的位置吗？

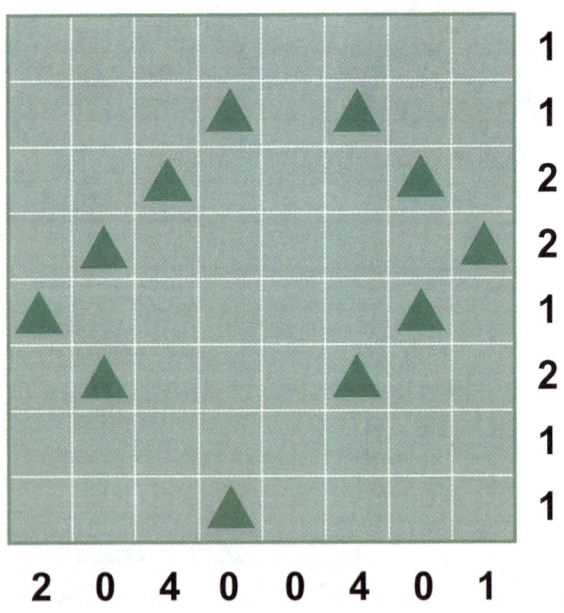

答案参见第157页。

# 6×6数独

完成下列方阵，使第一个方阵所有的行、列都包含字母B、C、I、M、U和W；第二个方阵所有的行、列都包含数字1、2、3、4、5和6。然后将完成后的方阵解码，将第一个方阵中橙色方格内的字母与第二个方阵对应方格内的数字相加（如：A + 3 = D，Y + 4 = C），得出六个新字母，可以拼出一个城市的名字。

答案参见第157页。

# 立方体体积

下图这个大立方体由小方块搭成,其原来体积为20厘米×20厘米×20厘米。现在移去其中一部分小方块,你能计算出这些剩余方块的体积吗?假设所有看不见的方块全部都在。

答案参见第158页。

# 美妙的分割

将下列方阵分割成大小、形状皆相同的四个图形,使每个图形都包含颜色各不相同的四个圆圈。

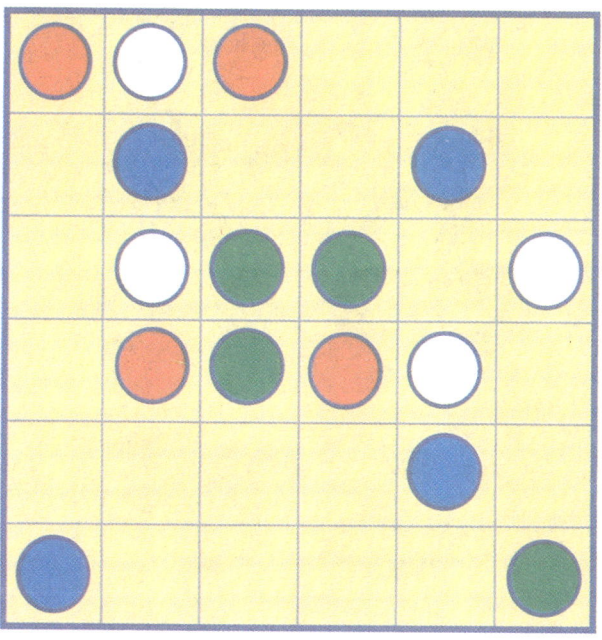

答案参见第158页。

# 配对

下列图形中只有两个完全一样。你能找出来吗?

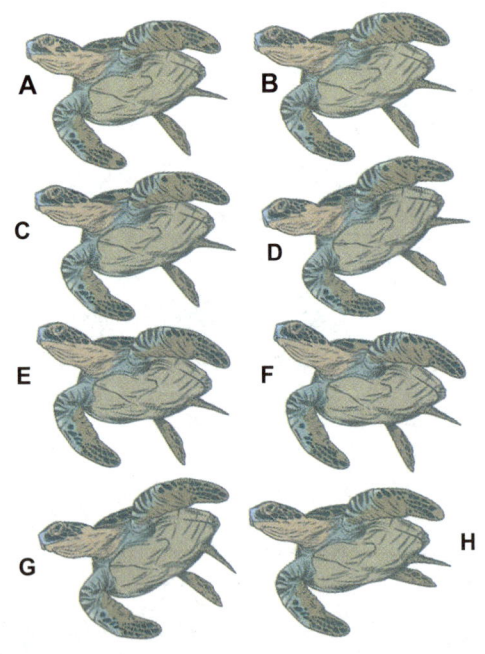

答案参见第158页。

# 数独

完成下列方阵，使所有的行、列以及每个粗线框标识的正方形都包含数字1、2、3、4、5、6、7、8、9。

|   |   |   | 3 |   | 7 |   |   |   |
|---|---|---|---|---|---|---|---|---|
| 6 | 5 |   |   | 9 |   |   | 3 |   |
| 7 |   |   | 5 |   | 8 | 2 | 1 |   |
|   | 6 |   |   | 2 | 1 |   | 4 |   |
| 3 |   |   | 4 |   |   |   |   |   |
|   | 9 |   |   |   | 5 |   |   |   |
| 5 | 1 |   |   |   |   | 8 |   | 7 |
|   |   |   |   |   |   | 1 |   |   |
| 2 |   | 8 |   | 7 |   | 5 | 6 | 4 |

答案参见第158页。

# 找布景

以下四个小方格中的图片都可以在上方的网格图中找到——你能把它们找出来吗?小心哦,小方格的方向不一定与主图一致。

答案参见第158页。

# 考考你的记忆力

研究以下图片一分钟,然后用纸将图片盖住,回答以下五个问题。

问题:
1. 红色车在绿色车前面第几位?
2. 第二辆车是什么号码?
3. 最前面两辆车的数字相加之和等于多少?
4. 黄色车的前面是几号车?
5. 1号车的正后方是什么颜色的车?

答案参见第158页。

# 图案配对

下面只有一块瓷砖的图案是唯一的,其他的图案都可以互相配对。你能找出那个成单的吗?

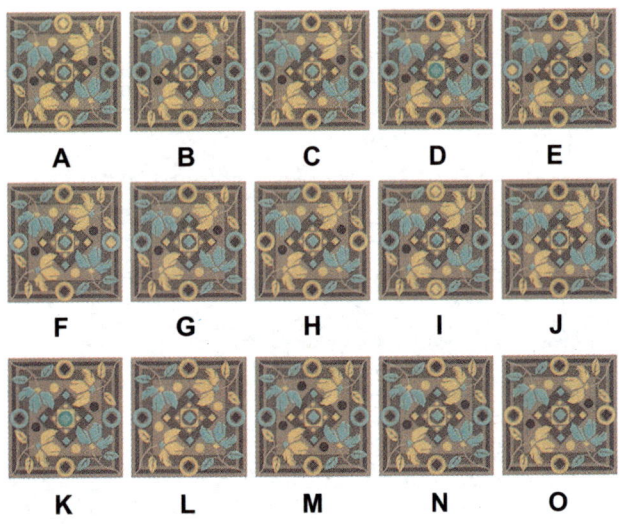

答案参见第158页。

# 百分比

你能计算出下面的蜂巢中被蜜蜂占据的巢房占多少比例吗?多少比例的蜜蜂是醒着的?

答案参见第158页。

# 扫雷

下图方格内的数字代表了该方格四周黑色格子的数量。将这些格子涂黑,直到所有的数字都被正确数量的黑格所包围。

|   | 2 | 2 |   | 2 | 3 |   | 3 |
|---|---|---|---|---|---|---|---|
| 2 |   |   | 3 |   |   |   |   |
|   | 3 | 3 |   | 2 | 3 |   | 3 |
| 3 |   |   | 3 | 3 |   | 2 | 2 |
|   | 3 | 4 |   |   | 1 | 2 |   |
| 1 |   |   |   | 3 |   |   |   |
| 2 | 4 | 4 | 3 |   | 2 |   |   |
|   |   |   | 1 | 1 |   | 2 | 1 |

答案参见第159页。

# 逻辑顺序

下列小球的顺序被打乱了。你能根据给出的提示找出正确的顺序吗?

正方形恰好在X的右边。
圆形在X和三角形之间。
圆形和五角星之间有两个球。

答案参见第159页。

# 一块馅饼

你能破解下面这个馅饼的密码,然后计算出问号所代表的数字吗?

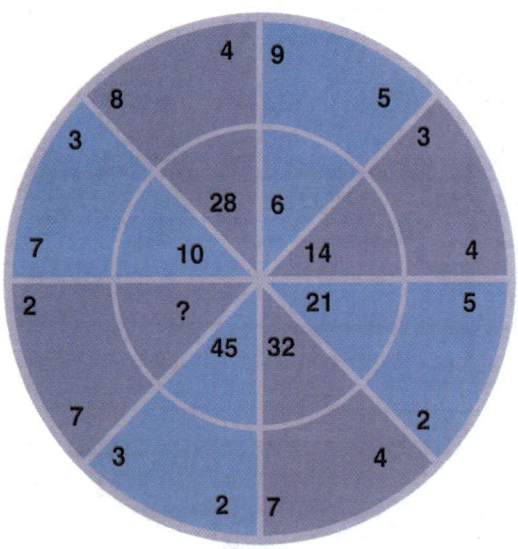

答案参见第159页。

# 大变身

图B中每个小三角形的颜色与图A有直接的联系。你能根据这个规则给图C涂上恰当的颜色吗?

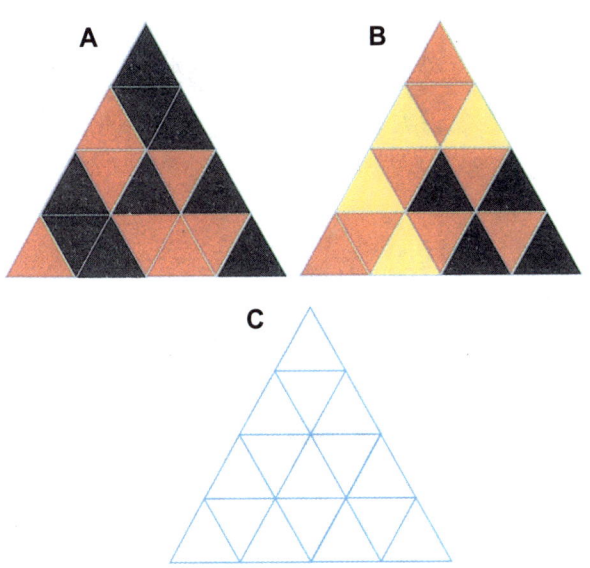

答案参见第159页。

# 骰子迷宫

下列骰子中,每种颜色代表了不同的方向——上、下、左、右。从方阵的中间点开始,正确地按照指示,依次经过所有的骰子一次。请问最后经过的骰子是哪个?

答案参见第159页。

# 五边形算题

找出下列五边形内数字之间的规则,然后在空白处填上正确的数字,使整个阵列完整。

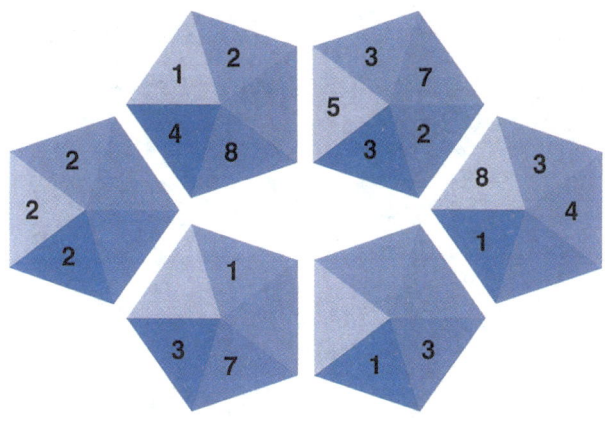

答案参见第159页。

# 美妙的分割

将下列方阵分割成大小、形状皆相同的四个图形,使每个图形都包含四个不同的符号。

答案参见第159页。

# 杀手6

完成下列方阵，使所有的行、列都包含数字1、2、3、4、5、6，并且每个虚线标识区域内的数字之和等于给出的数字。

答案参见第159页。

# 马的行动

在下面的国际象棋棋盘中,找出一个空格,使其中的马可以一步走入一个蓝色圆圈,或一个红色圆圈或一个黄色圆圈。马的移动路线呈L形——向上或向下或向左或向右两格,然后往左或往右或往上或往下一格。

答案参见第160页。

# 环路连接

用横线或竖线连接相邻的两点,然后按照提示画一根连续的线,最后形成一个回路,并且不和自己相交。格子内的数字代表你所画的线经过该格的边数。并不是所有的方格都有数字提示。

答案参见第160页。

# 数独

请沿着下面的网格画一根线穿过所有的圆圈,将它们连接起来。该线必须从每个方格边线的中央进出。

黑色圆圈:线在该方格中向左或向右转,并笔直穿过前、后相邻的两个方格。

白色圆圈:线笔直穿过该方格,并在后面和(或)前面相邻的方格转弯。

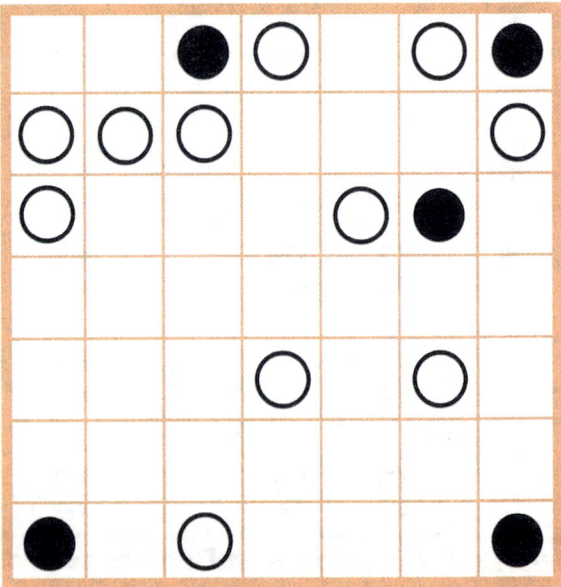

答案参见第160页。

# 迷你点阵图

下图每行、每列中的数字代表了黑色小方格以及相邻的黑色方格组合。给所有的黑色方格上色后，将会出现一组六个数字的组合。

| | | | | | | | | | | |
|---|---|---|---|---|---|---|---|---|---|---|
| | 1 | | | | | | | | | |
| | 1 | | | | | | | | | |
| | 1 | | | | | | | | | |
| 5 | 1 | 5 | | | 5 | | | | 1 | |
| 5 | 1 | 5 | | 3 | 1 | 5 | | 1 | 5 | 5 |

| | | | | |
|---|---|---|---|---|
| | | 3 | 1 | 3 |
| | 1 | 1 | 1 | 1 |
| | | 3 | 1 | 1 |
| | 1 | 1 | 1 | 1 |
| | | 3 | 1 | 1 |
| | | | | |
| | 3 | 1 | 1 | 1 |
| 1 | 1 | 1 | 1 | 1 |
| | 1 | 1 | 3 | 1 |
| | 1 | 1 | 1 | 1 |
| | | 3 | 1 | 1 |

答案参见第160页。

# 镜面成像

以下图片中只有一幅是第一幅图在镜子中准确的成像。你能找出来吗?

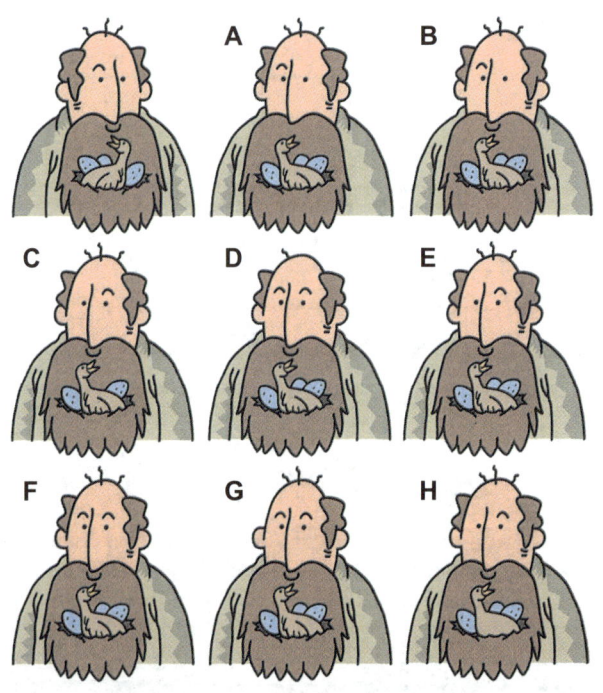

答案参见第160页。

# 比大小

下面的箭头表示了相邻两个方格内的数字之间的大小关系。请在空格内填上恰当的数字,使所有的行、列都包含数字1到5。

答案参见第160页。

# 找出不同

下面哪个图形与其他的图形都不相同?

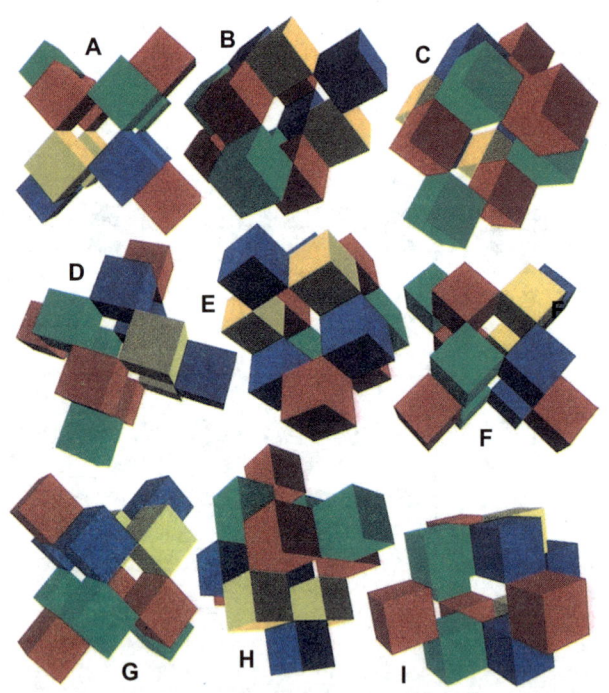

答案参见第160页。

# 图案配对

下面只有一块瓷砖的图案是唯一的,其他的图案都可以互相配对。你能找出那个成单的吗?

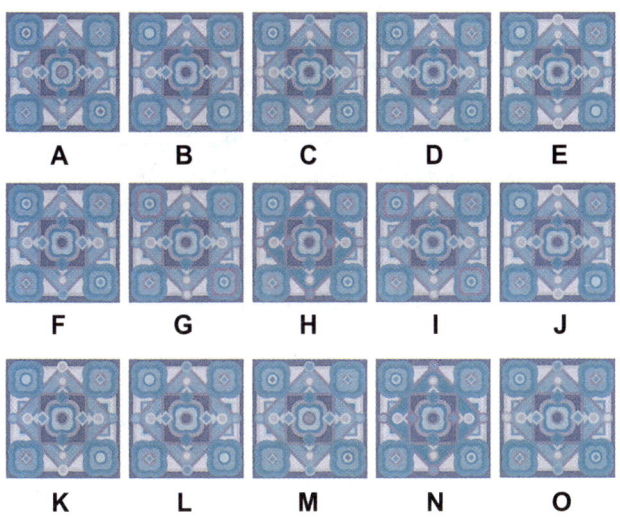

答案参见第160页。

# 平面图

下列选项中有三张都是上方立体图的平面图。请找出与立体图不相符的三张。

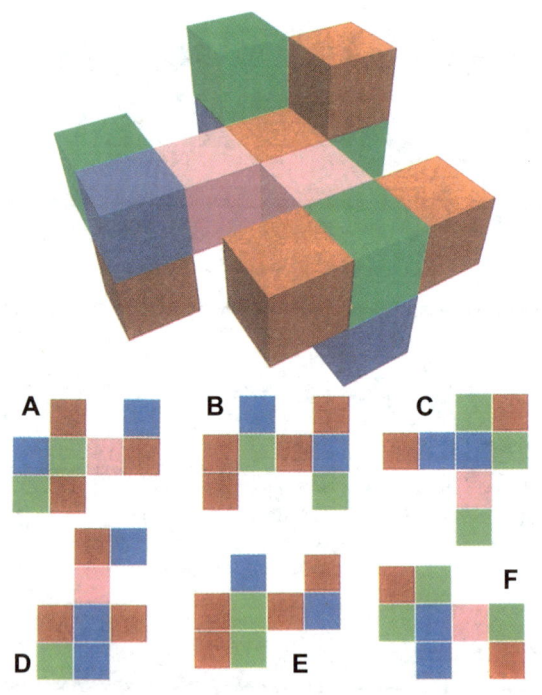

答案参见第161页。

# 找布景

以下四个小方格中的图片都可以在上方的网格图中找到——你可以把它们找出来吗？小心哦，小方格的方向不一定与主图一致。

答案参见第161页。

# 搭积木

你能找出下列图形中数字背后的逻辑关系,然后计算出A×B×C的值吗?

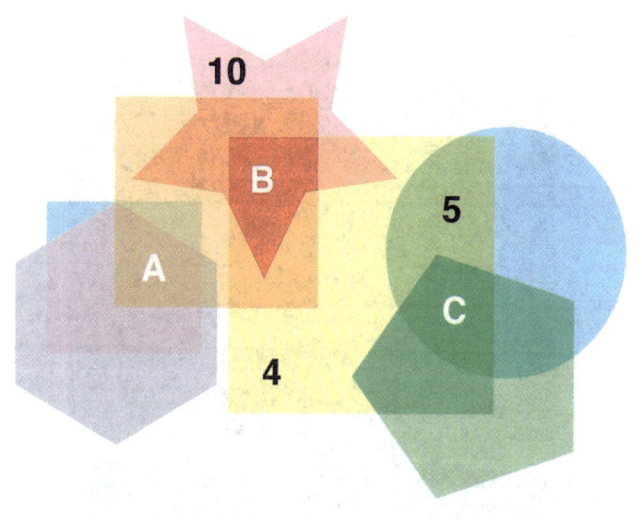

答案参见第161页。

# 剪影

下面哪一幅彩色图片与第一幅剪影相符?

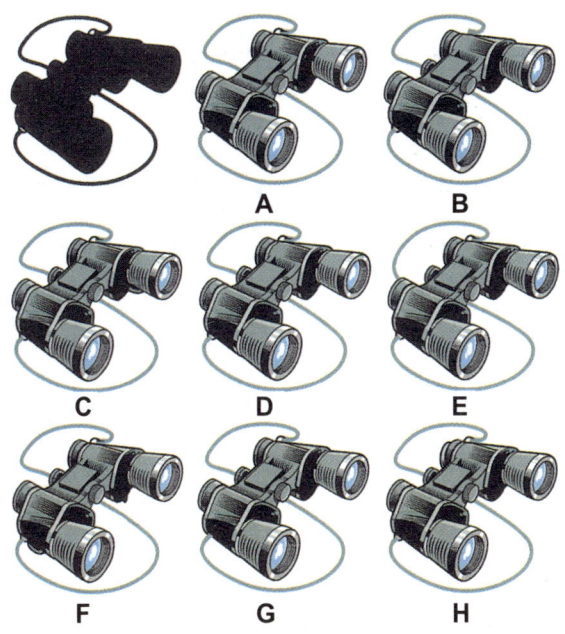

答案参见第161页。

# 数独

完成下列方阵,使所有的行、列以及每个粗线框标识的正方形都包含数字1、2、3、4、5、6、7、8、9。

|   | 1 |   |   |   | 3 | 5 |   | 4 |
|---|---|---|---|---|---|---|---|---|
|   | 3 | 6 |   |   |   |   | 9 | 8 |
|   |   |   | 2 |   | 7 | 1 |   | 6 |
|   |   | 2 |   |   |   | 9 |   |   |
| 3 | 4 |   |   |   |   |   | 8 |   |
|   |   | 8 | 3 |   |   | 2 |   | 5 |
|   |   | 1 | 6 |   | 8 |   |   |   |
| 5 | 9 | 7 |   |   |   |   | 6 |   |
|   |   |   |   | 2 |   |   | 7 | 1 |

答案参见第161页。

# 头像算术

计算以下每个头像所代表的数字,然后找出正确的数字替代问号。

答案参见第161页。

# 头像算术

计算以下每个头像所代表的数字,然后找出正确的数字替代问号。

# 称重

下图中彩色的小球分别代表数字2、3、4、5、6。你能推算出它们各自所代表的数字,然后算出最后一个天平的托盘上应该放多少只绿球才能使天平两边平衡吗?

答案参见第161页。

# 配对

下列图形中只有两个完全一样。你能找出来吗?

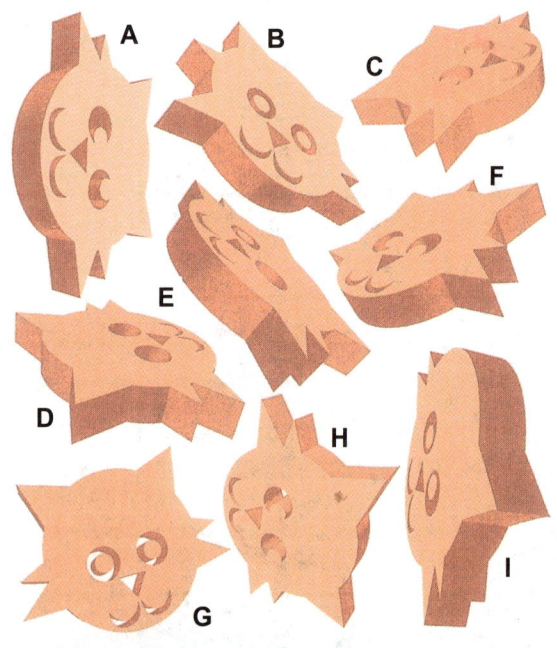

答案参见第162页。

# 相同的不同之处

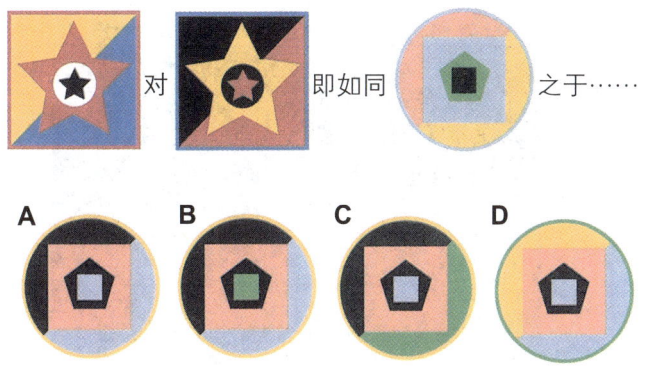

答案参见第162页。

# 找布景

以下四个小方格中的图片都可以在上方的网格图中找到——你可以把它们找出来吗?小心哦,小方格的方向不一定与主图一致。

答案参见第162页。

# 镜面成像

以下图片中只有一幅是第一幅图在镜子中准确的成像。你能找出来吗?

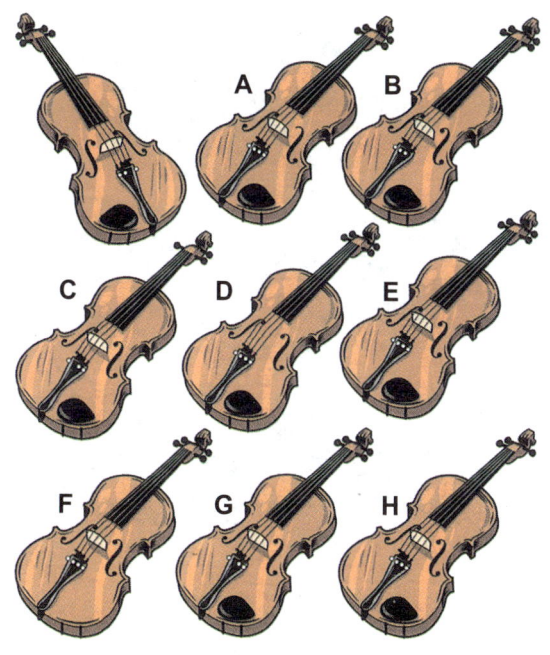

答案参见第162页。

# 俯视图

下面六幅俯视图中,只有一幅是上方图景的真实描绘——你能看出来是哪幅吗?

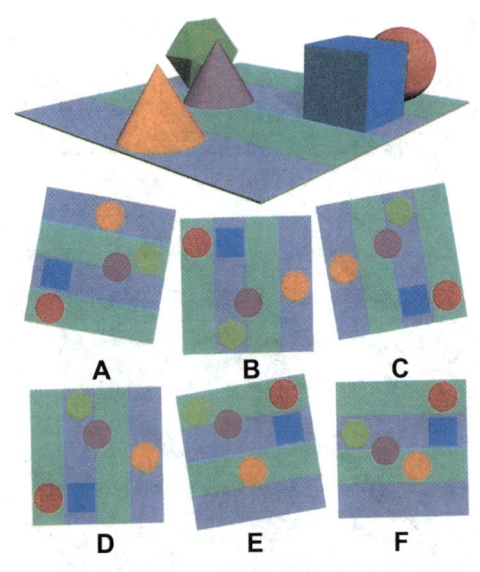

答案参见第162页。

# 你会裁吗?

用两条直线段在下图中剪出三个形状相同的图形。

答案参见第162页。

# 骰子迷宫

下列骰子中,每种颜色代表了不同的方向——上、下、左、右。从方阵的中间点开始,正确地按照指示,依次经过所有的骰子一次。请问最后经过的骰子是哪个?

答案参见第162页。

# 骰子之谜

下列哪个骰子与另外三个不同?

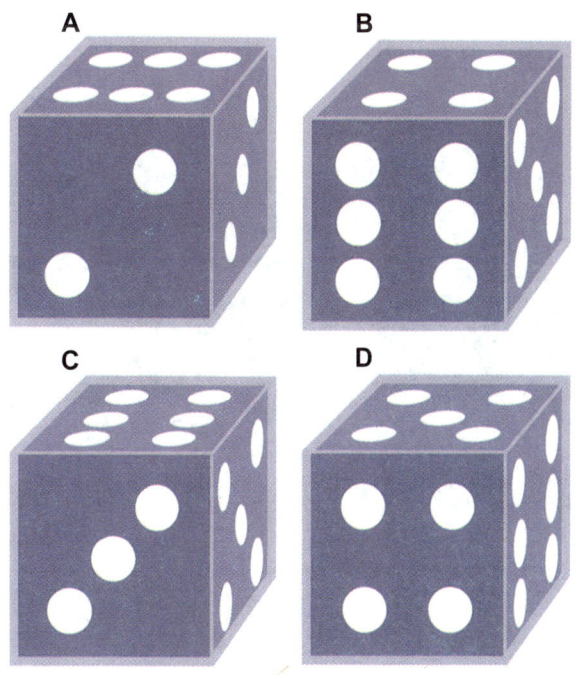

答案参见第162页。

# 铺地板

下图是一间浴室的平面图,白色区域代表浴缸和其他设施,旁边是几块形状奇特的大理石……你能将这些大理石铺在浴室地板上吗?

答案参见第162页。

# 轮轴标志

下面第二个数字轮轴的中心应该填入什么数字?

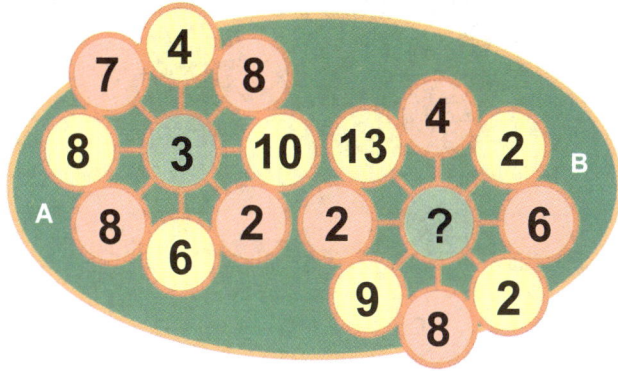

答案参见第163页。

# 拼板

从下列选项中找出拼板中所缺少的四块，拼成一个完整的正方形。

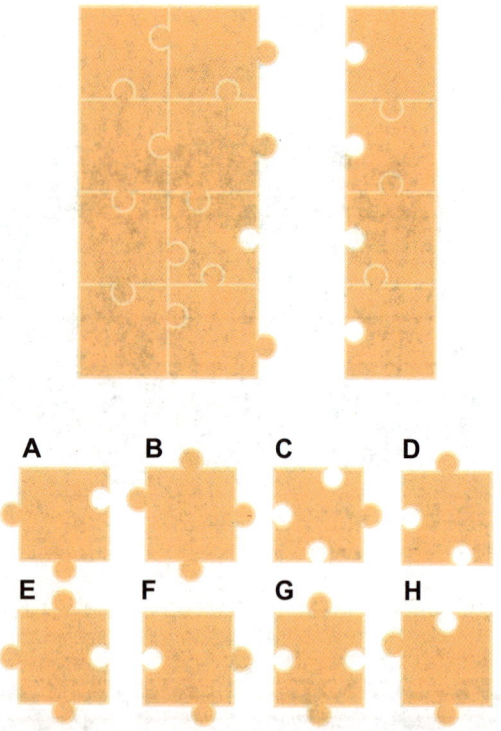

答案参见第163页。

# 拉丁方阵

完成下列方阵,使每行、每列以及每个粗线框标识的区域都包含字母A、B、C、D、E和F。

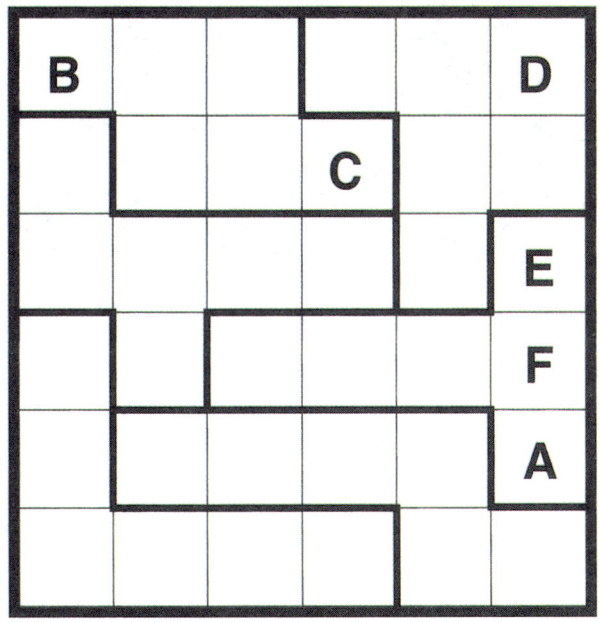

答案参见第163页。

# 逻辑顺序

下列小球的顺序被打乱了。你能根据给出的提示找出正确的顺序吗?

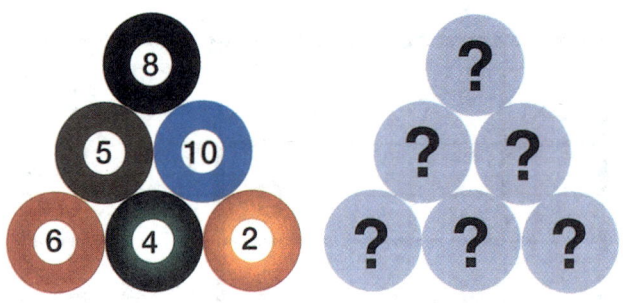

最上面的三个小球内数字之和等于22。
5号球恰好在6号球的右边,而且与4号球不接触。
10号球与4个球都有接触,但是不包括6号球。

答案参见第163页。

# 扫雷

下图方格内的数字代表了该方格四周黑色格子的数量。将这些格子涂黑,直到所有的数字都被正确数量的黑格所包围。

|   |   |   | 2 |   | 0 | 2 |   |
|---|---|---|---|---|---|---|---|
| 3 | 4 | 4 |   |   |   |   |   |
| 1 |   |   | 2 |   | 3 | 4 |   |
|   | 1 |   | 1 | 3 |   |   | 2 |
| 1 | 2 |   | 3 | 4 |   | 3 |   |
| 2 |   |   |   |   | 3 | 2 | 1 |
|   | 4 | 5 | 5 |   | 3 |   |   |
| 2 |   | 2 |   |   | 2 | 1 | 1 |

答案参见第163页。

# 图案配对

下面只有一块瓷砖的图案是唯一的,其他的图案都可以互相配对。你能找出那个成单的吗?

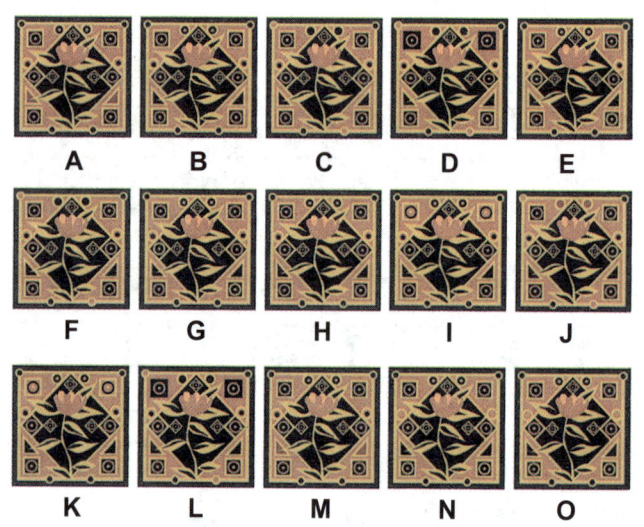

答案参见第163页。

# 搭积木

你能找出下列图形中数字背后的逻辑关系,然后计算出 A + B 的值吗?

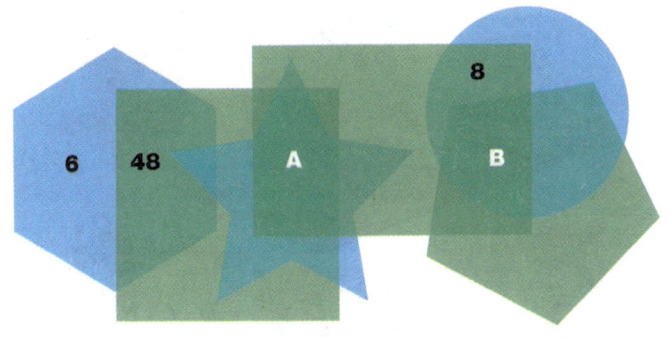

答案参见第163页。

# 俯视图

下面六幅俯视图中,只有一幅是上方图景的真实描绘——你能看出来是哪幅吗?

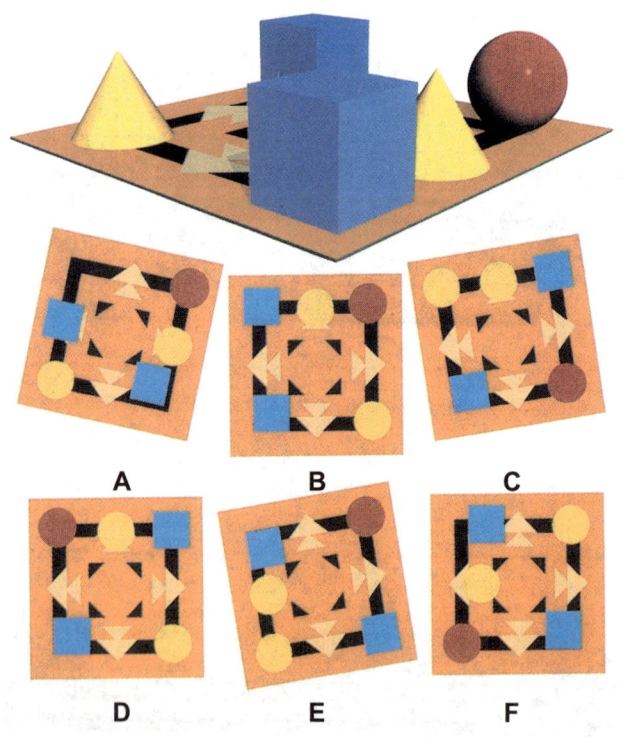

答案参见第164页。

# 战舰

下列方阵右侧和底部的数字代表了该行或该列内被占的方格以及相邻的方格组合。请在恰当的空格内画上三艘巡洋舰、四艘小艇和五个浮标,完成下列方阵,使其与对应的数字一致。

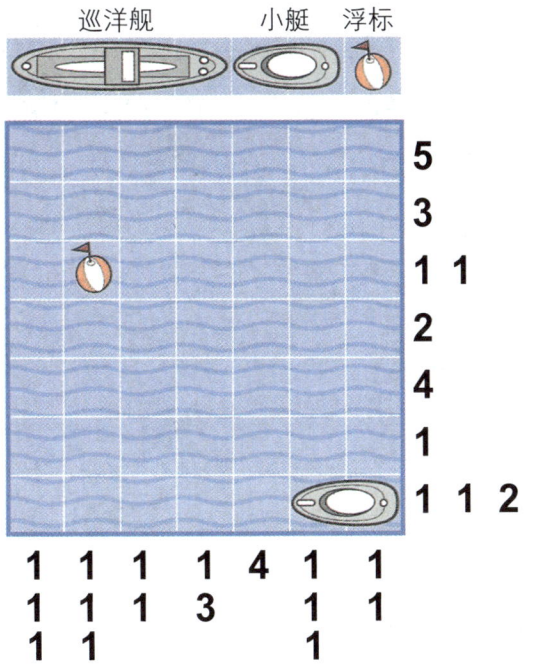

答案参见第164页。

# 营地针叶树

每棵树 🌲 的横向或纵向相邻的格子有一顶帐篷 ⛺。任意两顶帐篷不能出现在相邻的格子中（包括对角线）。右侧和底部的数字代表了该行或该列内帐篷的数量。你能确定所有帐篷的位置吗？

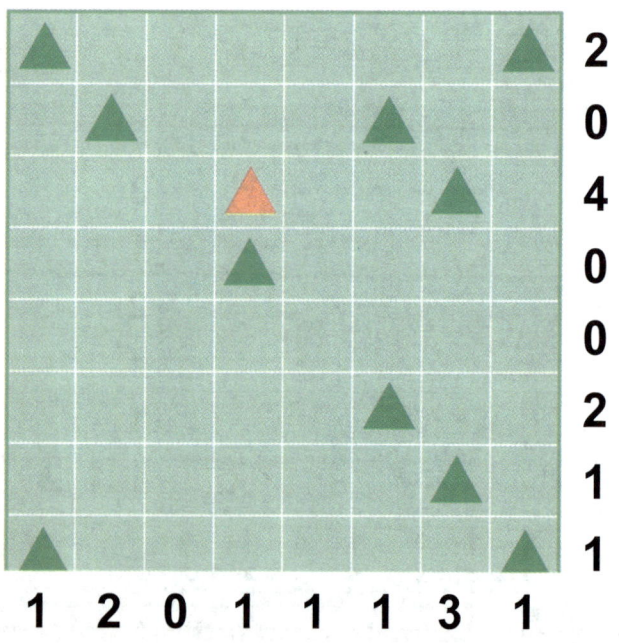

答案参见第164页。

# 今日补丁

将右侧的图形放入左侧的网格图中,让每行、每列都没有颜色重复。注意,这个图形的方向不一定与主图一致。

答案参见第164页。

# 环路连接

用横线或竖线连接相邻的两点，然后按照提示画一根连续的线，最后形成一个回路，并且不和自己相交。格子内的数字代表你所画的线经过该格的边数。

答案参见第164页。

# 比大小

下面的箭头表示了相邻两个方格内的数字之间的大小关系。请在空格内填上恰当的数字，使所有的行、列都包含数字1到6。

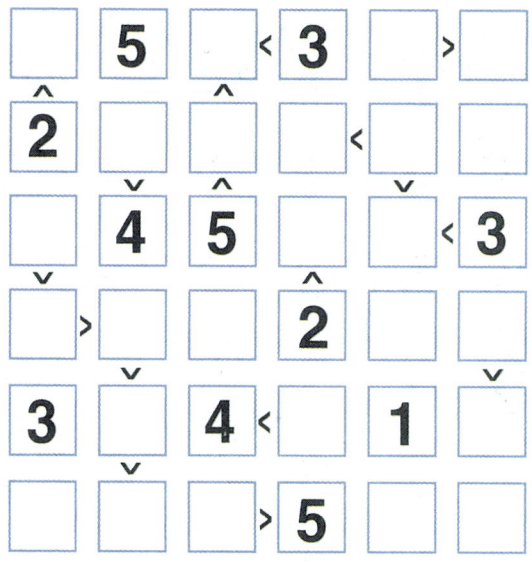

答案参见第164页。

# 数字块

将下列方阵分割成大小、形状皆相同的四个图形，使每个图形内的数字之和等于40。

| 8 | 2 | 1 | 2 | 2 | 4 |
|---|---|---|---|---|---|
| 6 | 3 | 1 | 1 | 6 | 3 |
| 4 | 9 | 9 | 9 | 3 | 5 |
| 5 | 7 | 1 | 5 | 5 | 5 |
| 2 | 7 | 3 | 1 | 6 | 4 |
| 9 | 7 | 3 | 2 | 3 | 7 |

答案参见第164页。

# 破译保险箱密码

要打开保险箱,所有的按钮都必须按照正确的顺序来按,最后再按"打开"按钮。如果由你来按的话,你会首先按哪个按钮呢?

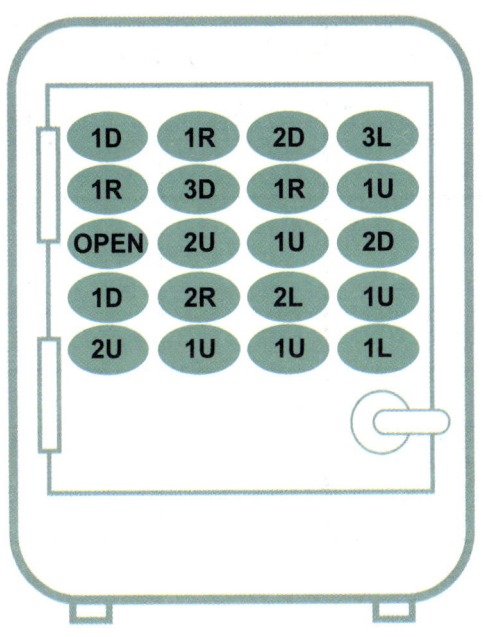

U=上 D=下 L=左 R=右

答案参见第164页。

# 数独

完成下列方阵，使所有的行、列以及每个粗线框标识的正方形都包含数字1、2、3、4、5、6、7、8、9。

|   | 2 |   | 1 |   | 8 | 3 |   |   |
|---|---|---|---|---|---|---|---|---|
|   |   | 7 |   | 2 |   |   |   | 5 |
| 4 |   |   | 7 |   |   | 1 |   |   |
|   |   | 1 | 4 |   |   |   |   | 8 |
|   | 9 |   |   |   |   | 5 |   | 6 |
| 2 |   |   | 6 | 7 |   |   |   |   |
| 7 |   | 6 | 8 |   |   |   |   | 3 |
| 8 |   |   |   | 9 |   |   | 2 |   |
|   |   |   | 3 |   |   |   | 6 | 4 |

答案参见第165页。

# 符号算式

以下符号代表数字1至4。假设粉色鹦鹉代表数字2,你能计算出其他颜色的鹦鹉各代表哪个数字,才能使算式成立吗?

答案参见第165页。

# 配对

下列图形中只有两个完全一样。你能找出来吗?

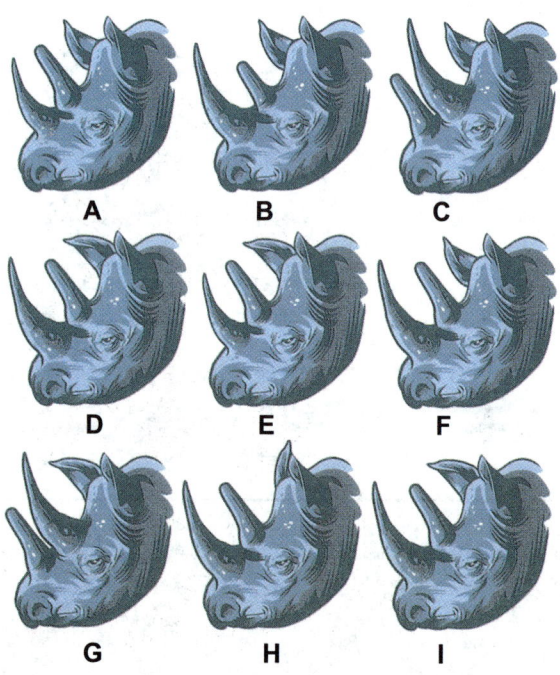

答案参见第165页。

# 大变身

图B中每个小方格的颜色与图A有直接的联系。图C中小方格的颜色与图B有着相同的联系。你能根据这个规则给图D涂上恰当的颜色吗?

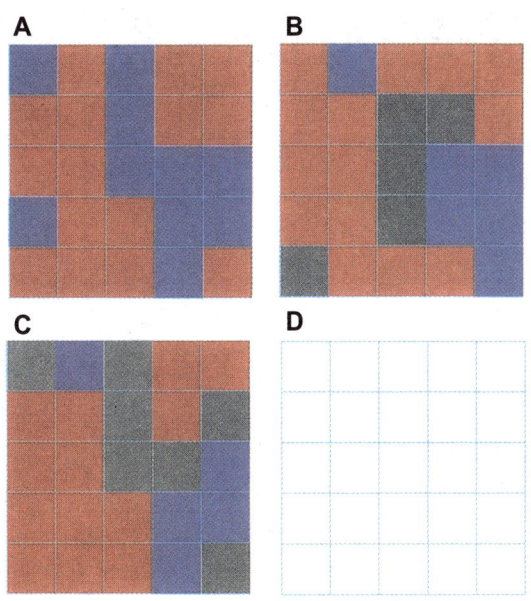

答案参见第165页。

# 战舰

下列方阵右侧和底部的数字代表了该行或该列内被占的方格以及相邻的方格组合。请在恰当的空格内画上三艘巡洋舰、四艘小艇和五个浮标,完成下列方阵,使其与对应的数字一致。

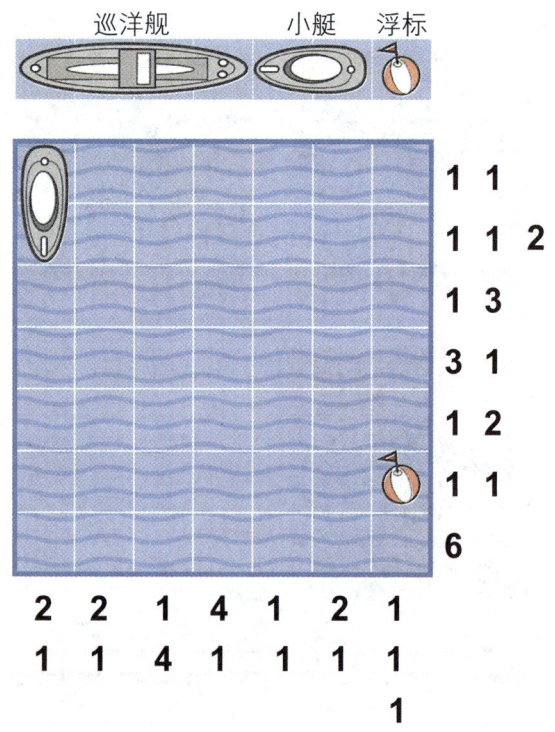

答案参见第165页。

# 营地针叶树

每棵树 ▲ 的横向或纵向相邻的格子有一顶帐篷 ▲。任意两顶帐篷不能出现在相邻的格子中(包括对角线)。右侧和底部的数字代表了该行或该列内帐篷的数量。你能确定所有帐篷的位置吗?

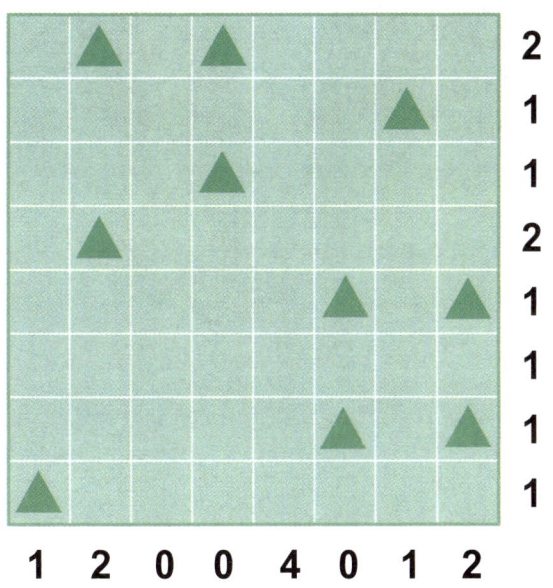

答案参见第165页。

## 你会裁吗?

用两条直线段在下图中剪出三个形状相同的图形。

答案参见第165页。

# 象棋大战

你能在棋盘上放置后、象、马和车四枚棋子,使红色区域正好受到两枚棋子的攻击,绿色区域受到三枚棋子的攻击,而黄色区域受到四枚棋子的攻击吗?

答案参见第165页。

# 五边形算题

找出下列五边形内数字之间的规则,然后在空白处填上正确的数字,使整个阵列完整。

答案参见第166页。

# 网格图

以下哪个方形可以正确嵌入上方的网格图?

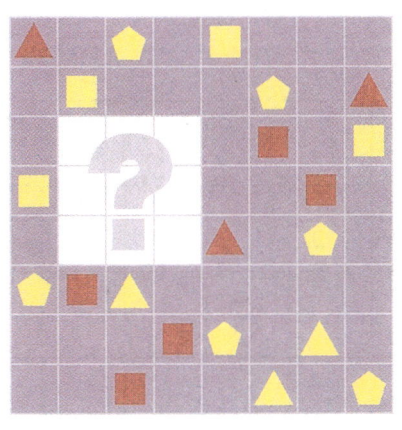

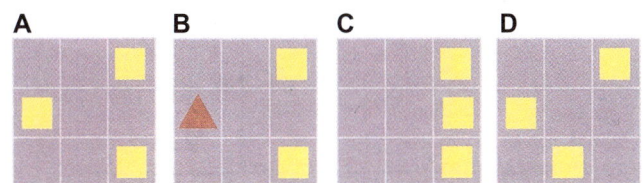

答案参见第166页。

# 杀手6

完成下列方阵，使所有的行、列都包含数字1、2、3、4、5、6，并且每个虚线标识区域内的数字之和等于给出的数字。虚线区域内的数字可以重复。

| 9 |   |   | 7 |   | 10 |
|---|---|---|---|---|----|
| 16 |   | 6 |   |   |   |
| 3 |   | **6** | 7 | 6 |   |
|   | 7 |   |   | 22 |   |
| 12 |   | 11 |   |   | 4 |
|   |   |   |   | **1** |   |

答案参见第166页。

# 轮轴标志

下面第二个数字轮轴的中心应该填入什么数字?

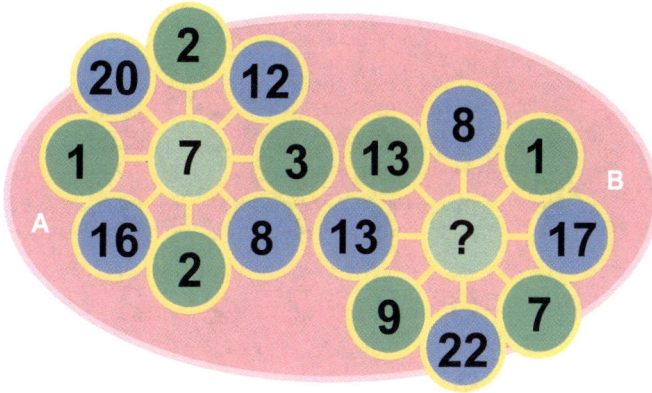

答案参见第166页。

# 环路连接

用横线或竖线连接相邻的两点，然后按照提示画一根连续的线，最后形成一个回路，并且不和自己相交。格子内的数字代表你所画的线经过该格的边数。并不是所有的方格都有数字提示。

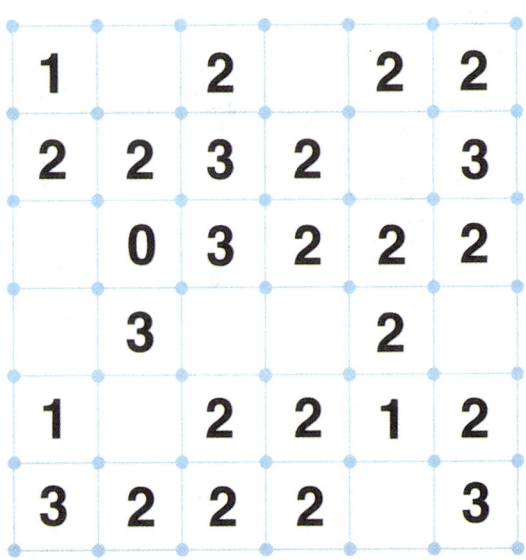

答案参见第166页。

# 神奇的正方形

下面的正方形应包含九个连续的数字,请在空格处填入恰当的数字,使每行、每列及每条长对角线上的数字之和相同。

答案参见第166页。

# 美妙的分割

将下列方阵分割成大小、形状皆相同的四个图形,使每个图形都包含四个不同的符号。

# 百分比

你能计算出下面图案中红色占多少比例吗?蓝色正方形中有星星的又占多少比例?

答案参见第166页。

# 找布景

以下四个小方格中的图片都可以在上方的网格图中找到——你能把它们找出来吗？小心哦，小方格的方向不一定与主图一致。

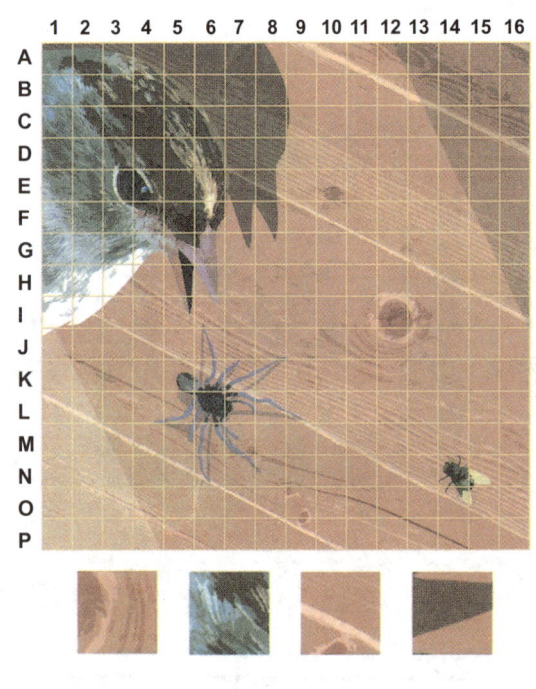

答案参见第167页。

# 小小逻辑题

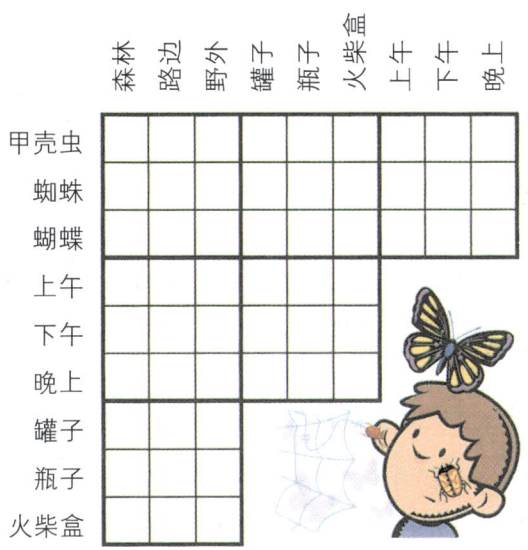

小汤姆喜欢收集昆虫。你能弄清楚他是在一天中的什么时间段,在哪里发现这三种昆虫,并用什么容器将它们带回家的吗?

1)蜘蛛是在晚上找到的,并且不是在野外。

2)蝴蝶是在森林中发现的,但不是在早上,汤姆没有把蝴蝶装在罐子里。

3)在野外发现的昆虫被装在瓶子里。

答案参见第167页。

# 数独

完成下列方阵，使所有的行、列以及每个粗线框标识的正方形都包含数字1、2、3、4、5、6、7、8、9。

|   |   | 6 |   | 7 |   | 5 | 3 |   |
|---|---|---|---|---|---|---|---|---|
| 8 |   |   | 1 | 3 |   | 2 |   |   |
|   |   |   |   |   | 2 |   |   |   |
| 9 |   |   |   | 5 |   |   | 4 |   |
|   |   | 4 |   |   | 6 |   | 8 | 5 |
| 2 | 8 |   | 7 | 9 |   | 6 |   |   |
|   | 1 |   |   | 6 |   |   |   | 9 |
|   | 7 |   |   |   |   | 4 | 2 | 1 |
| 5 |   |   | 4 |   |   | 6 |   |   |

答案参见第167页。

# 考考你的记忆力

研究以下图片一分钟,然后用纸将图片盖住,回答以下五个问题。

问题:
1. 黄色的花有多少片叶子?
2. 装在红色花盆里的花总共有多少片叶子?
3. B盆中的花是什么颜色?
4. 哪盆花只有左边的叶子?
5. 有几盆粉色花的花盆是蓝色的?

答案参见第167页。

# 数独

完成下列方阵,使所有的行、列以及所有粗线标识的3x3正方形中仅出现一次数字1、2、3、4、5、6、7、8、9。

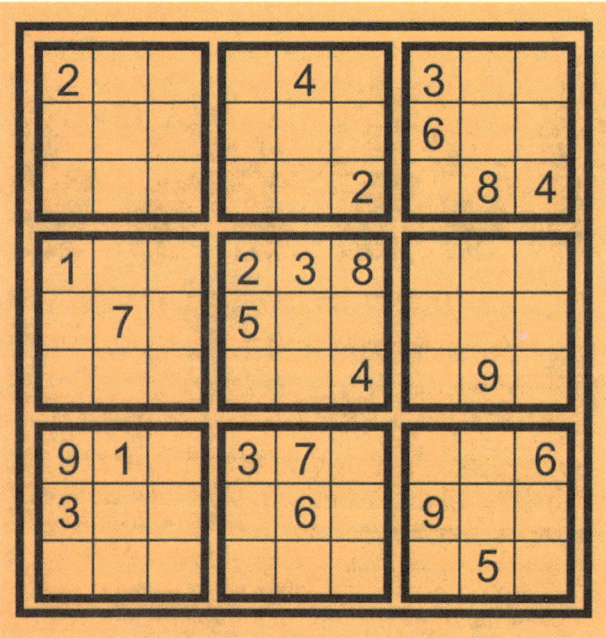

答案参见第167页。

# 红边角

找出四个红色边角与中间数字的关系。第三个方框中的问号应该是什么数字?

答案参见第167页。

# 象棋大战

你可以在棋盘上放置后、象、马和车四枚棋子,使红色区域正好受到两枚棋子的攻击,绿色区域受到三枚棋子的攻击,而黄色区域受到四枚棋子的攻击?

答案参见第167页。

# 6 x 6数独

完成下列方阵,使第一个方阵所有的行、列都包含字母A、B、J、K、Y和Z;第二个方阵所有的行、列都包含数字1、2、3、4、5、6。然后将完成后的方阵解码,将第一个方阵中橙色方格内的字母与第二个方阵对应方格内的数字相加(如:A + 3 = D,Y + 4 = C),得出六个新字母,可以拼出一位著名的作曲家名字。

答案参见第167页。

# 立方体之路

你能破解下面立方体的颜色密码,然后从一个绿色方块走到另一个绿色方块吗?每个颜色代表不同的方向,上、下、左、右。蓝色箭头表示哪个方向为向上……

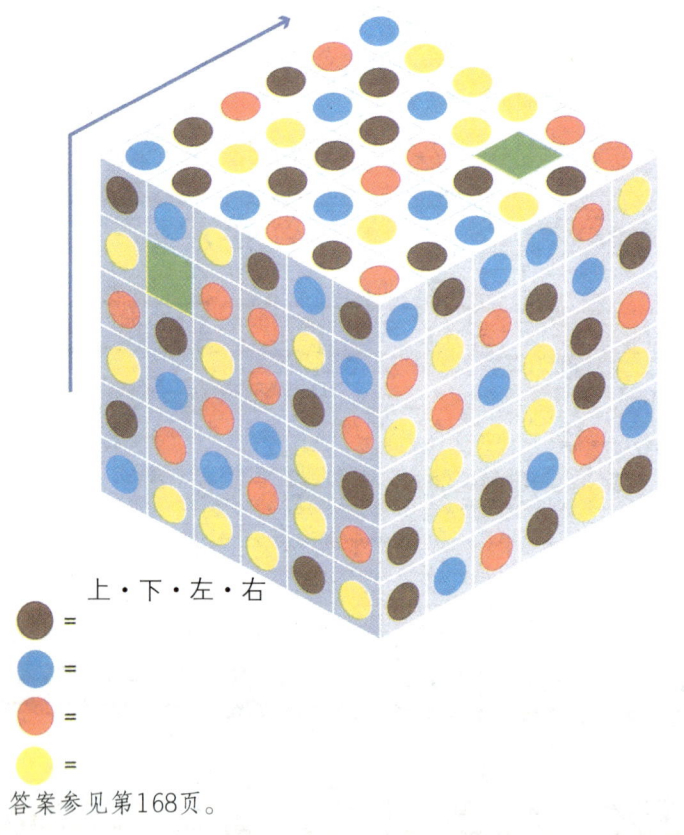

上・下・左・右

● =
● =
● =
● =

答案参见第168页。

# 图案配对

下面只有一块瓷砖的图案是唯一的,其他的图案都可以互相配对。你能找出那个成单的吗?

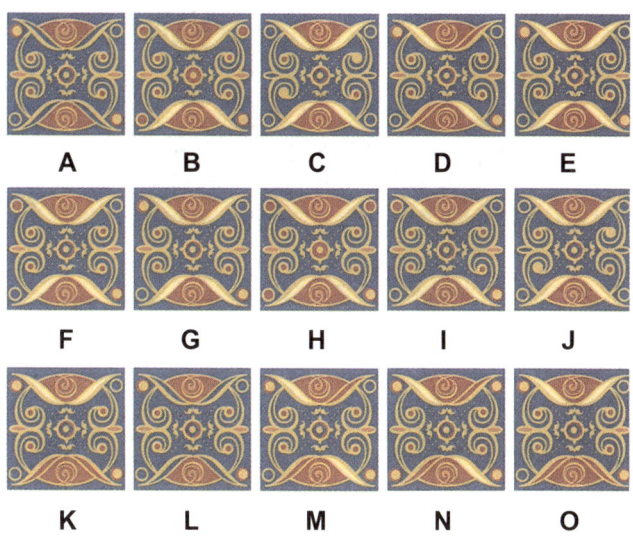

答案参见第168页。

# 平面图

下列选项中有三张都是上方立体图的平面图。请找出与立体图不相符的三张。

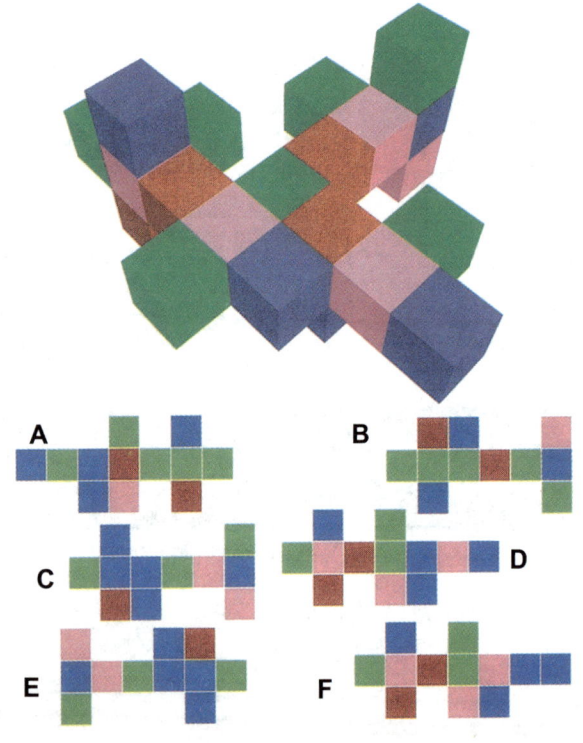

答案参见第168页。

# 数字山

用数字代替所有的问号,使左右相邻的两个方块中的数字之和等于它们上端方块中的数字。

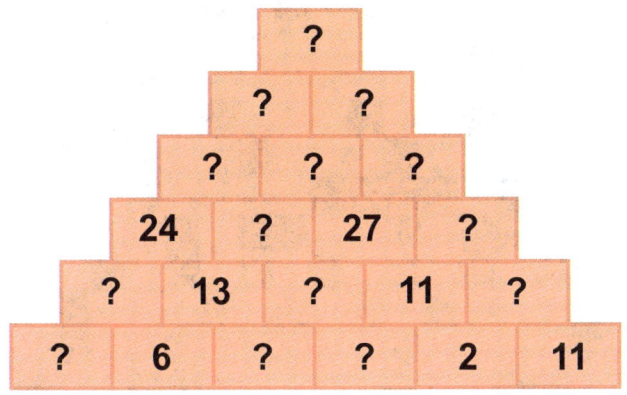

答案参见第168页。

# 对称

下图待完成后,是沿着中间的竖线两边对称的。请给需要的方格上色,然后辨识图形。

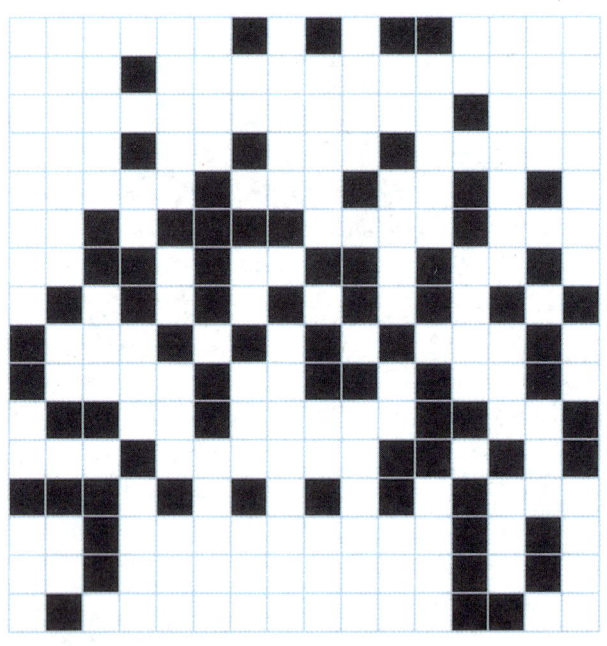

答案参见第168页。

# 找布景

以下四个小方格中的图片都可以在上方的网格图中找到——你能把它们找出来吗?小心哦,小方格的方向不一定与主图一致。

答案参见第168页。

# 立方体体积

下图这个大立方体由小方块搭成,其原来体积为 15厘米 x 15厘米 x 15厘米。现在移去其中一部分小方块,你能计算出这些剩余方块的体积吗?假设所有看不见的方块全部都在。

答案参见第168页。

# 骰子之谜

下列哪个骰子与另外三个不同?

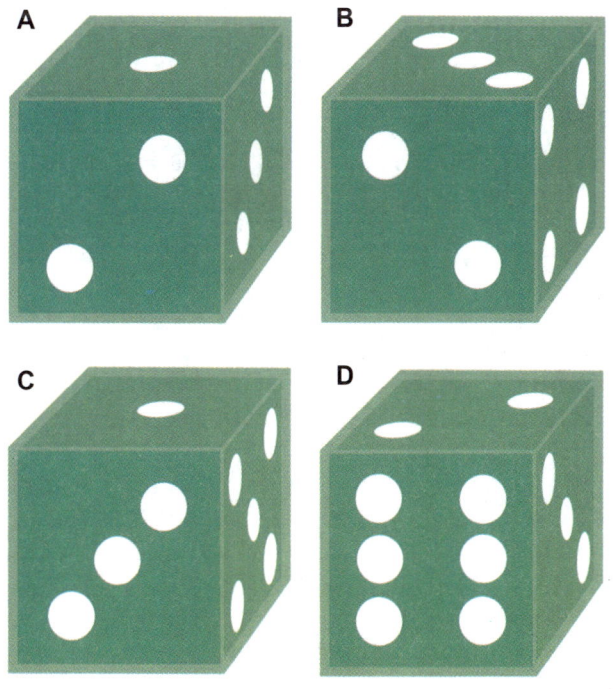

答案参见第168页。

# 五角星

信不信由你,以下这些星星中,没有两颗是完全一样的。每一颗星星代表了五种颜色的一种排列组合——只缺少一种。你可以找出缺失的星星的颜色组合吗?

答案参见第169页。

# 杀手6

完成下列方阵，使所有的行、列都包含数字1、2、3、4、5、6，并且每个虚线标识区域内的数字之和等于给出的数字。

答案参见第169页。

# 数独

请沿着下面的网格画一根线穿过所有的圆圈,将它们连接起来。该线必须从每个方格边线的中央进出。

黑色圆圈:线在该方格中向左或向右转,并笔直穿过前、后相邻的两个方格。

白色圆圈:线笔直穿过该方格,并在后面和(或)前面相邻的方格转弯。

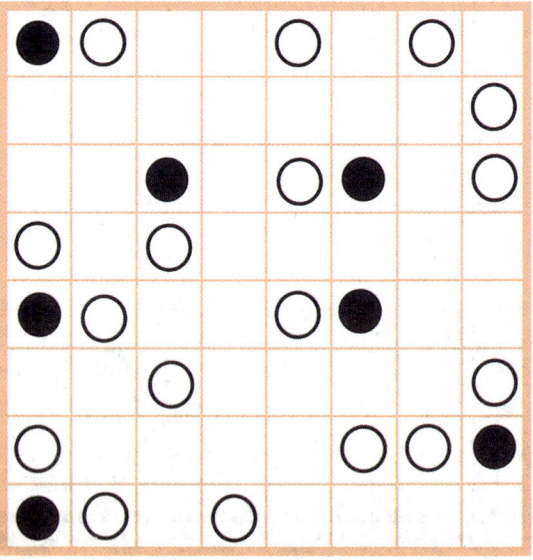

答案参见第169页。

# 迷你点阵图

下图每行、每列中的数字代表了黑色小方格以及相邻的黑色方格组合。给所有的黑色方格上色后，将会出现一组6个数字的组合。

| | | | | | | | | | | 1 | | | | | |
|---|---|---|---|---|---|---|---|---|---|---|---|---|---|---|---|
| | | | | | | 1 | | | 3 | 1 | 5 | | | 5 | |
| | | | | | 3 | 5 | 5 | | 5 | 1 | 5 | | 1 | 1 | 5 |
| 1 | 1 | 1 | 1 | 1 | | | | | | | | | | | |
| 1 | 1 | 1 | 1 | 1 | | | | | | | | | | | |
| | | 3 | 3 | 1 | | | | | | | | | | | |
| | | 1 | 1 | 1 | | | | | | | | | | | |
| | | 1 | 1 | 1 | | | | | | | | | | | |
| | | | | | | | | | | | | | | | |
| | | 1 | 3 | 3 | | | | | | | | | | | |
| | 1 | 1 | 1 | 1 | | | | | | | | | | | |
| | 1 | 1 | 1 | 1 | | | | | | | | | | | |
| | 1 | 1 | 1 | 1 | | | | | | | | | | | |
| | | 1 | 3 | 1 | | | | | | | | | | | |

答案参见第169页。

# 数字块

将下列方阵分割成大小、形状皆相同的四个图形,使每个图形内的数字之和等于36。

答案参见第169页。

# 铺地板

下图的地板需要铺上地砖,旁边是已经预先装配好的一些地砖组合……你能将这些地砖完美地铺在地板上吗?

答案参见第169页。

# 顺序

按照以下序列的逻辑顺序,你能推断出下一只猪的朝向以及尾巴的颜色吗?

答案参见第169页。

# 拼板

从下列选项中找出拼板中所缺少的四块,拼成一个完整的正方形。

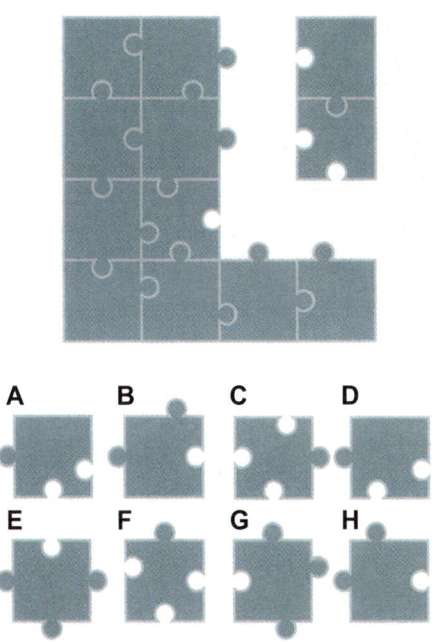

# 逻辑顺序

下列小球的顺序被打乱了。你能根据给出的提示找出正确的顺序吗?

2号球不接触5号和4号。
4号球接触10号但是不接触6号。
8号球恰好在6号球的左边。
最底层小球号数之和为16。

答案参见第170页。

# 天平

以下天平的天平臂被分割成段——距离中间点两段臂长的重量是只隔一段臂长的两倍。你能将下列砝码放在天平的托盘上,使整个天平保持平衡吗?

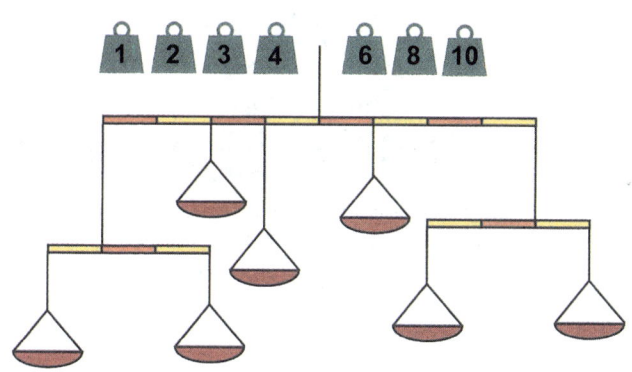

答案参见第170页。

# 数字山

用数字代替所有的问号,使左右相邻的两个方块中的数字之和等于它们上端方块中的数字。

答案参见第170页。

# 马的行动

在下面的国际象棋棋盘中,找出一个空格,使其中的马可以一步走入一个蓝色圆圈,或一个红色圆圈或一个黄色圆圈。马的移动路线呈L形——向上或向下或向左或向右两格,然后往左或往右或往上或往下一格。

答案参见第170页。

# 称重

下图中彩色的小球分别代表数字3、4、5、6、7。你能推算出它们各自所代表的数字,然后算出最后一个天平的托盘上应该放多少只红球(下图中尚未出现)才能使天平两边平衡吗?

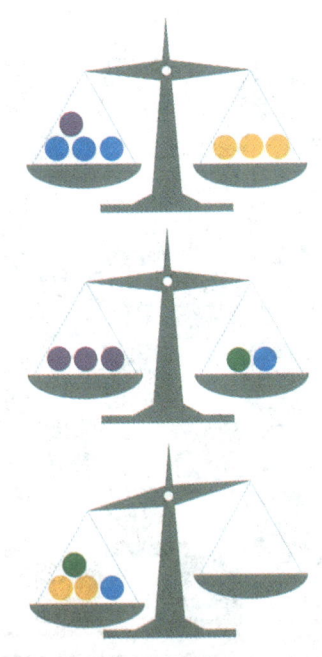

答案参见第170页。

# 镜面成像

以下图片中只有一幅是第一幅图在镜子中准确的成像。你能找出来吗?

答案参见第170页。

# 剪影

下面哪一幅彩色图片与第一幅剪影相符?

答案参见第170页。

# 符号算式

以下符号代表数字1至4。你能计算出每个颜色的武士各代表哪个数字,才能使算式成立吗?

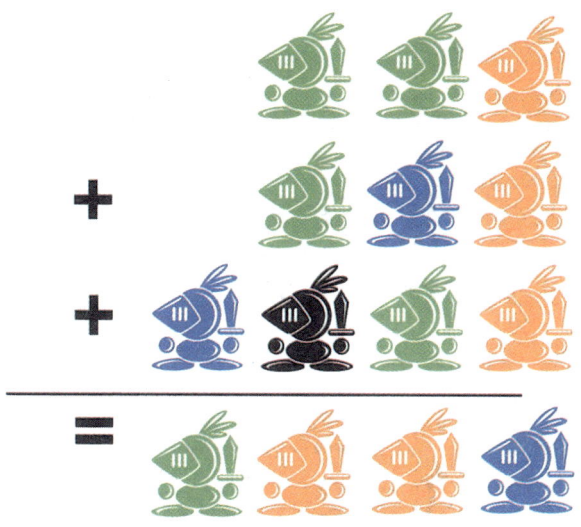

答案参见第170页。

# 环路连接

用横线或竖线连接相邻的两点,然后按照提示画一根连续的线,最后形成一个回路,并且不和自己相交。格子内的数字代表你所画的线经过该格的边数。并不是所有的方格都有数字提示。

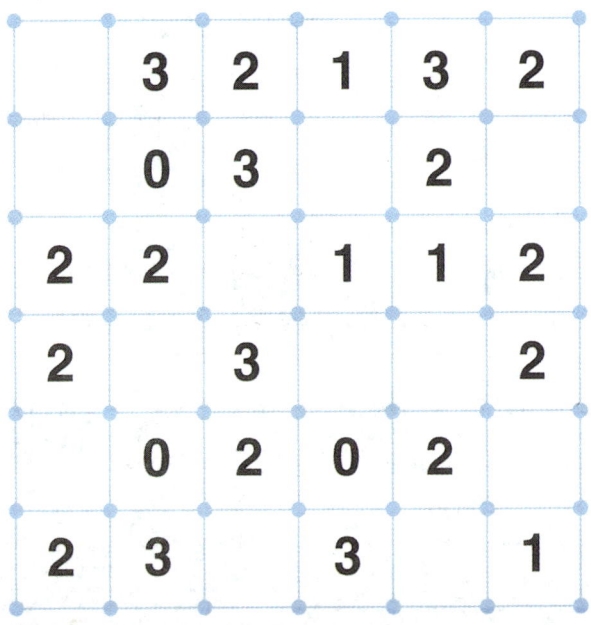

答案参见第171页。

# 数独

完成下列方阵，使所有的行、列以及每个粗线框标识的正方形都包含数字1、2、3、4、5、6、7、8、9。

|   | 8 | 1 | 2 | 3 |   | 5 |   | 4 |
|---|---|---|---|---|---|---|---|---|
| 3 |   |   | 4 |   |   |   |   | 8 |
|   | 4 | 6 |   |   | 5 |   |   |   |
|   | 6 |   |   | 2 |   | 3 |   | 5 |
| 1 |   | 4 |   |   |   |   |   | 7 |
|   |   |   | 7 |   |   | 9 |   |   |
|   |   | 3 |   |   |   |   | 8 |   |
| 7 | 2 |   |   | 9 |   | 1 |   |   |
|   |   |   | 8 |   | 3 | 6 |   | 2 |

答案参见第171页。

# 矩阵

下面图形组合的空白处应嵌入右侧线框中的哪个图形?

答案参见第171页。

# 配对

下列图形中只有两个完全一样。你能找出来吗?

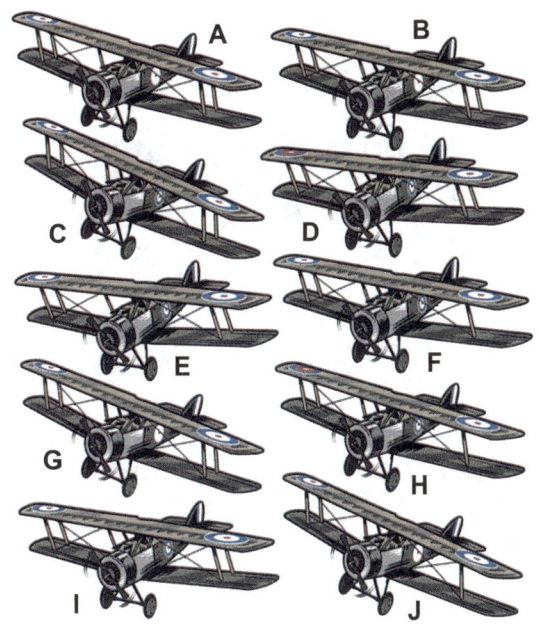

答案参见第171页。

# 网格图

以下哪个方形可以正确嵌入上方的网格图?

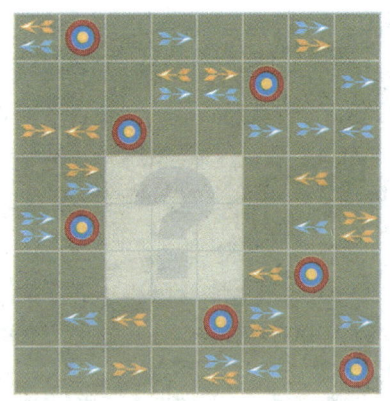

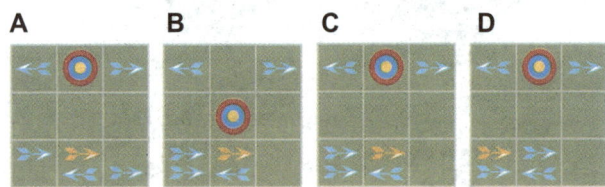

答案参见第171页。

# 猜数字

海盗黄胡子手下有27个船员。他的船上关押的犯人比船舱里的船员少。一天晚上,一半的犯人逃跑了,使得船上的人数比以前少了15%。请问总共多少个犯人逃跑了?

答案参见第171页。

# 杀手数独

完成下列方阵，使所有的行、列以及每个粗线框标识的正方形都包含数字1、2、3、4、5、6、7、8、9，并且每个虚线标识区域内的数字之和等于给出的数字。

答案参见第171页。

# 考考你的记忆力

研究以下图片一分钟,然后用纸将图片盖住,回答以下五个问题。

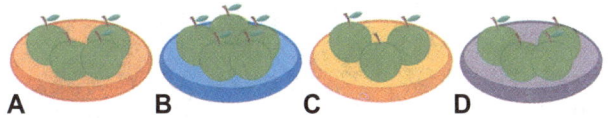

问题:
1. 哪个颜色的盆子里的苹果都有叶子?
2. 哪个盆子里有五个苹果?
3. 有三片叶子的盆子里总共有多少个苹果?
4. A和C两个盆子里总共有多少个苹果?
5. 总共有多少个苹果是没有叶子的?

答案参见第171页。

# 轮轴标志

下面第二个数字轮轴的中心应该填入什么数字?

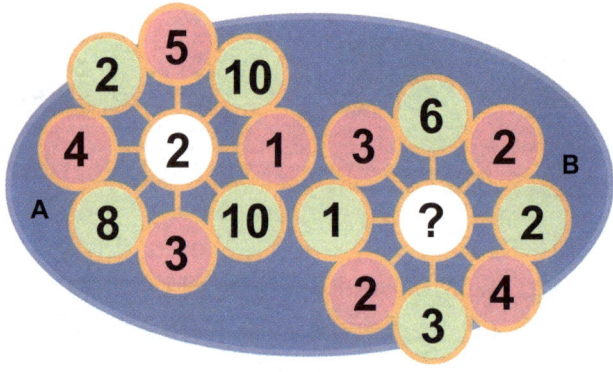

答案参见第172页。

# 小小逻辑题

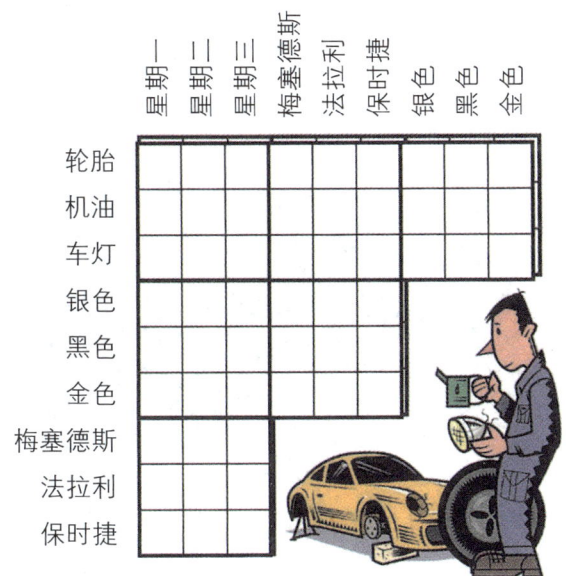

杰克的修车场这周新来了几辆高档车。根据下面的提示，你能推算出他哪天修理哪辆车，每辆车的颜色以及具体做的事情吗？

1）保时捷是黑色的，不需要更换机油。
2）杰克星期一换轮胎，但不是给法拉利换。
3）法拉利的修理是在银色车子之后、修理车灯之前。

答案参见第172页。

# 面积计算

你能大致计算出图片中树所占的面积大小吗？橘子的面积不计算在内。

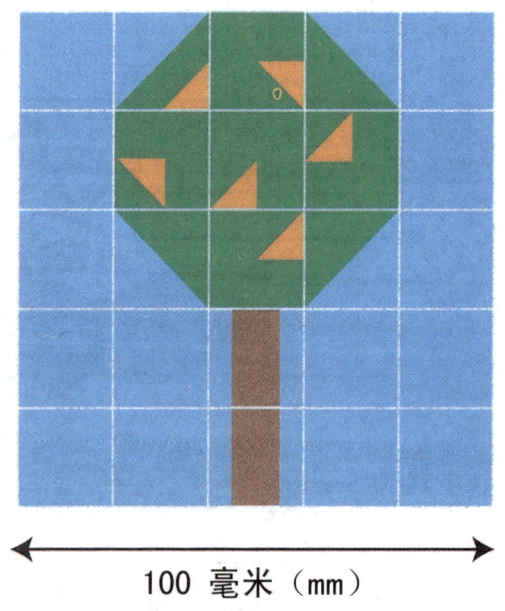

100 毫米（mm）

答案参见第172页。

# 对称

下图待完成后,是沿着中间的竖线两边对称的。请给需要的方格上色,然后辨识图形。

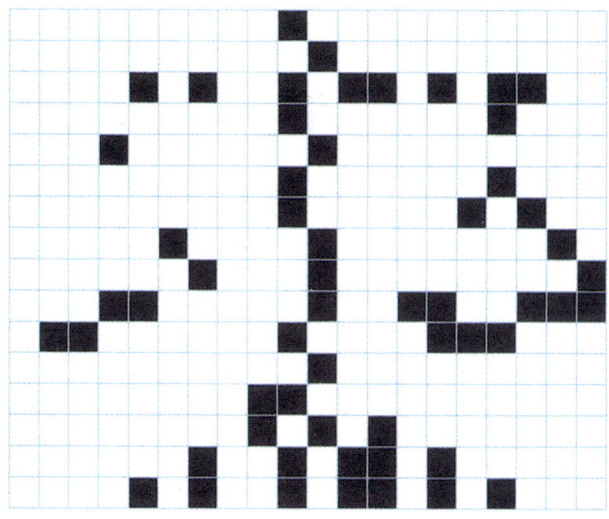

答案参见第172页。

# 拉丁方阵

完成下列方阵，使每行、每列以及每个粗线框标识的区域都包含字母A、B、C、D、E和F。

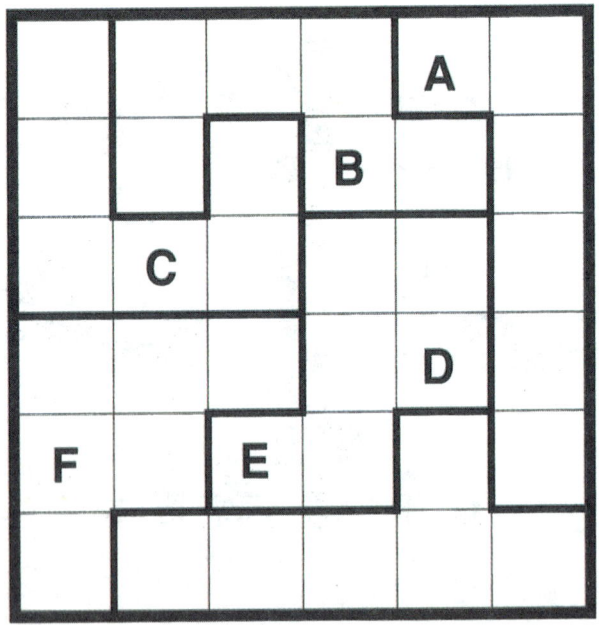

# 百分比

你能计算出下面图案中不是白色、且没有星星的正方形占多少比例吗?

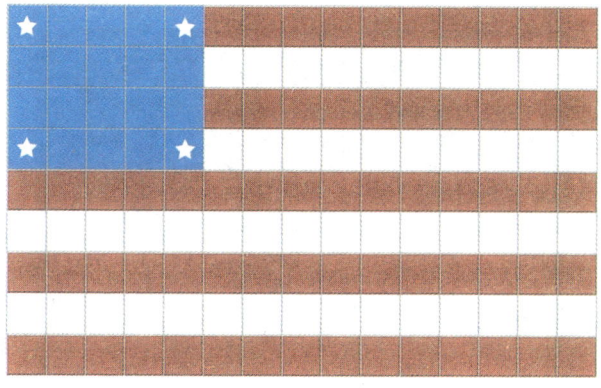

答案参见第172页。

# 神奇的正方形

下面的正方形应包含九个连续的数字,请在空格处填入恰当的数字,使每行、每列及每条长对角线上的数字之和相同。

答案参见第172页。

# 旋转

齿轮A有八个嵌齿,齿轮B有九个,齿轮C有十个,齿轮D有十八个。齿轮A需要旋转多少圈,才能使所有的齿轮正好都处在竖直的位置?

答案参见第172页。

# 珍宝岛

下列方阵右侧和底部的数字代表了该行或该列内被占的方格以及相邻的方格组合。请在恰当的地方画上合适的图形，使方阵中各种图形都有三个，并与对应的数字一致。

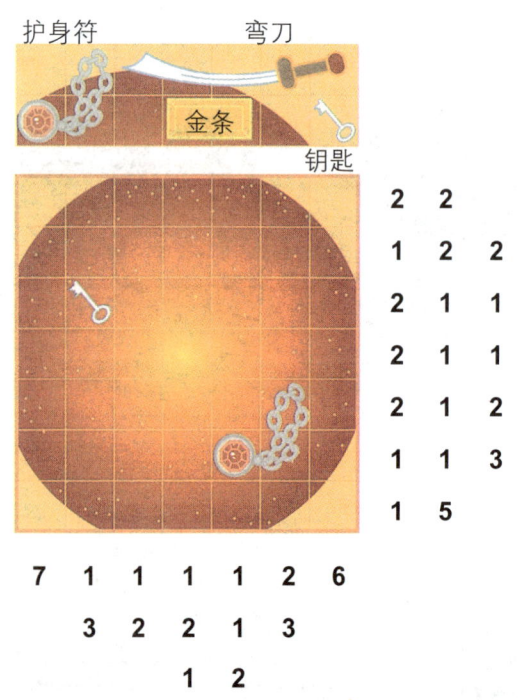

答案参见第173页。

# 数独

请沿着下面的网格画一根线穿过所有的圆圈,将它们连接起来。该线必须从每个方格边线的中央进出。

黑色圆圈:线在该方格中向左或向右转,并笔直穿过前、后相邻的两个方格。

白色圆圈:线笔直穿过该方格,并在后面和(或)前面相邻的方格转弯。

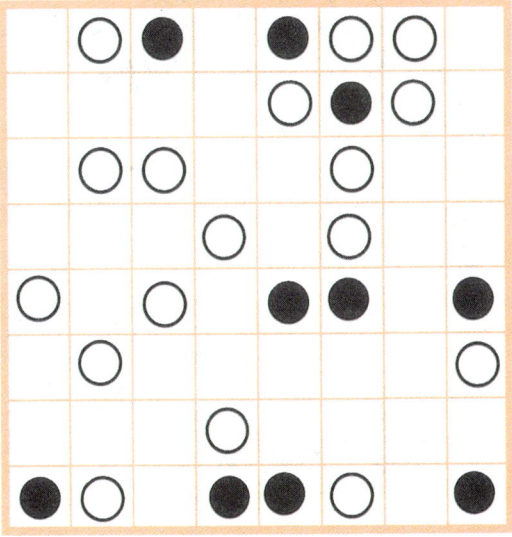

答案参见第173页。

# 轮盘赌

轮盘的球落在"0"格内。假使小球按照顺时针方向以3米/秒的平均速度运行15秒后落到一个数字格,而同时轮盘以1米/秒的平均速度往反方向转动。小球滚动的地方距轮盘中央50厘米。请问最终小球会落在哪里?圆周率(π)按照3.2来计算。

答案参见第173页。

# 找布景

以下四个小方格中的图片都可以在上方的网格图中找到——你可以把它们找出来吗？小心哦，小方格的方向不一定和主图一致。

答案参见第173页。

# 头像算术

计算以下每个头像所代表的数字,然后找出正确的数字替代问号。

答案参见第173页。

# 洗牌

完成下列牌阵,使每行、每列以及每条长对角线都包含四张不同花色的J、Q、K、A。

答案参见第173页。

# 红边角

找出四个红色边角与中间数字的关系。第三个方框中的问号应该是什么数字?

答案参见第173页。

# 猜谜

在火箭科学家专属餐厅里,两个科学家排队时正好在闲聊。数字教授问道:"你有多少个孩子?"蛋头博士回答说有三个。"噢,是吗?多大了?"数字教授继续问道。"啊,"蛋头博士说,"嗯,他们的年龄相加等于13,相乘等于36,其中两个是双胞胎。""唔……"教授还在思考着。"我最大的孩子是个女孩。"蛋头博士想起来了。"啊!那可就大不一样了,"数字教授说道,之后他马上回答出蛋头博士孩子们的年龄。

最后一条信息究竟有什么帮助,博士的孩子们到底几岁呢?

答案参见第173页。

# 头像算术

计算以下每个头像所代表的数字,然后找出正确的数字替代问号。

答案参见第174页。

# 零件

以下所有图片上的结构都是由三个如右图所示的零件拼装而成,只有一个例外!你能找出那个假冒的吗?

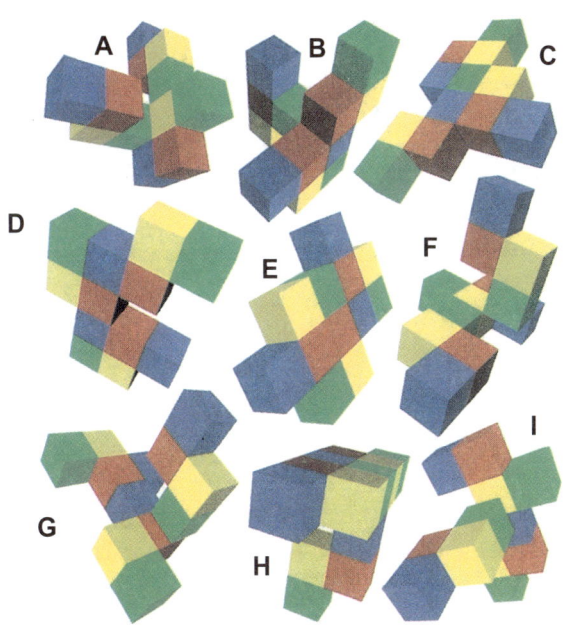

答案参见第174页。

# 扫雷

下图方格内的数字代表了该方格四周黑色格子的数量。将这些格子涂黑,直到所有的数字都被正确数量的黑格所包围。

|   | 2 | 1 | 1 |   | 3 |   | 2 |
|---|---|---|---|---|---|---|---|
| 4 |   | 3 |   | 1 |   |   |   |
|   |   |   |   | 1 |   | 1 | 1 |
| 4 |   | 4 |   | 2 |   | 0 |   |
|   | 2 | 2 |   |   | 3 | 3 |   |
| 2 |   | 2 | 4 |   |   |   |   |
|   | 3 |   |   |   |   | 6 | 3 |
| 2 |   |   | 3 | 4 |   | 3 |   |

答案参见第174页。

# 比大小

下面的箭头表示了相邻两个方格内的数字之间的大小关系。请在空格内填上恰当的数字,使所有的行、列都包含数字1到6。

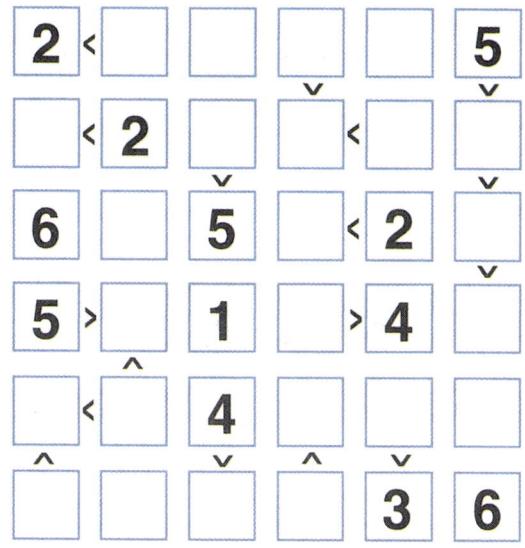

答案参见第174页。

# 下一个!

按照逻辑顺序,A、B、C、D哪个选项可以替代问号?

答案参见第174页。

# 今日补丁

将右侧的图形放入左侧的网格图中,让每行、每列都没有颜色重复。注意,这个图形的方向不一定和主图一致。

答案参见第174页。

# 标牌

你能够破译下列足球运动员名字与数字之间的逻辑关系,并推算出法布雷加斯(Fabregas)的号码吗?

答案参见第174页。

# 搭积木

你能找出下列图形中数字背后的逻辑关系,然后计算出A+B的值吗?

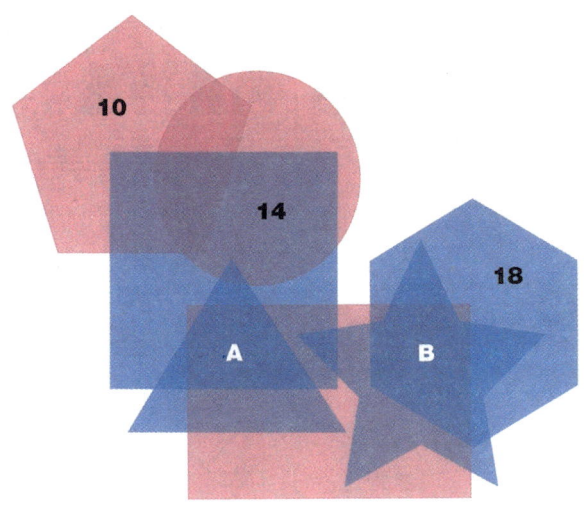

答案参见第174页。

# 天平

以下天平的天平臂被分割成段——距离中间点两段臂长的重量是只隔一段臂长的两倍。你可以将下列砝码放在天平的托盘上,使整个天平保持平衡吗?

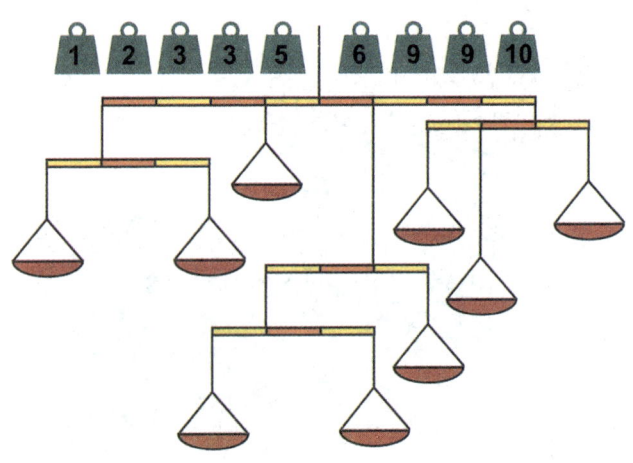

答案参见第175页。

# 破译保险箱密码

要打开保险箱,所有的按钮都必须按照正确的顺序来按,最后再按"打开"按钮。如果由你来按的话,第一个按钮你会按哪个呢?

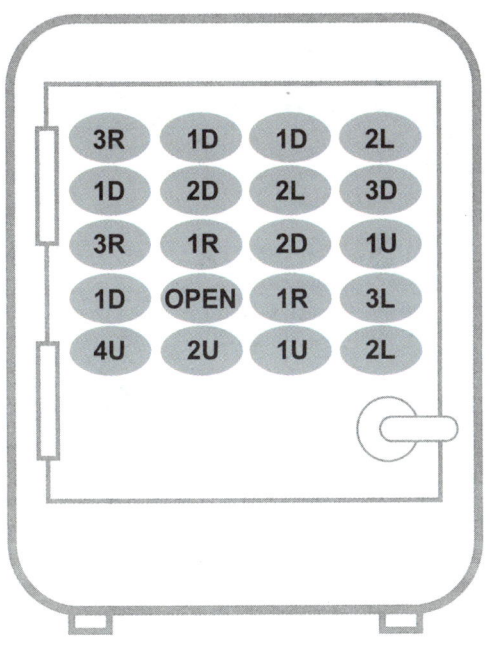

U=上 D=下 L=左 R=右

答案参见第175页。

# 雷达

下图中的数字代表了与该格相邻的黑色格子的数量。将这些格子涂黑,直到所有的数字都被正确数量的黑格所包围。

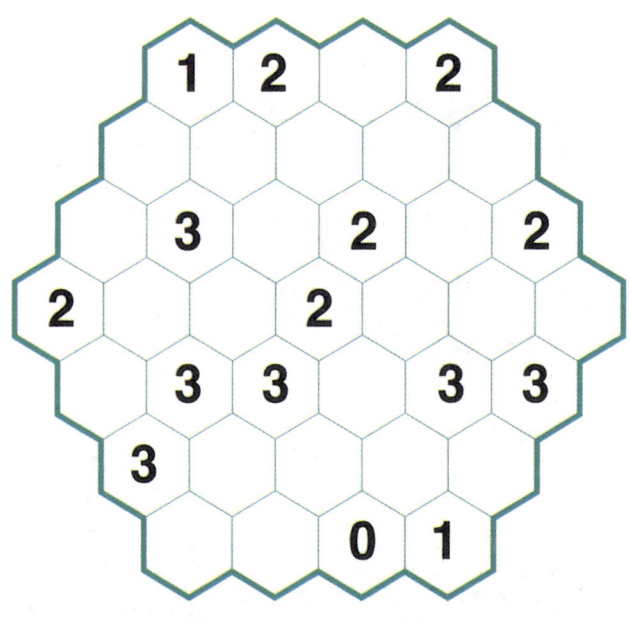

答案参见第175页。

# 图案配对

下面只有一块瓷砖的图案是唯一的,其他的图案都可以互相配对。你能找出那个成单的吗?

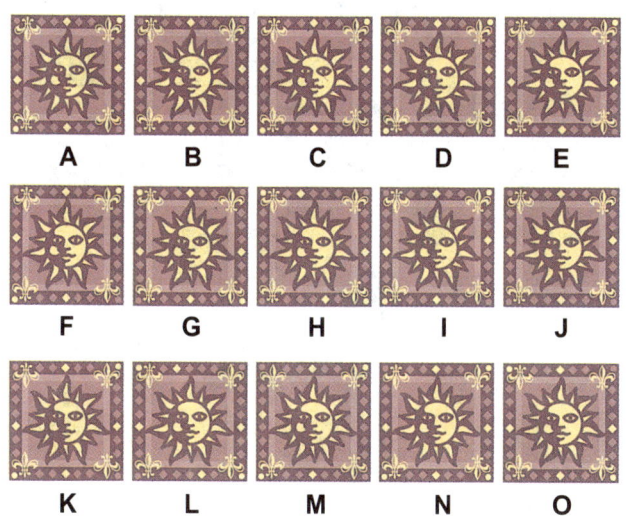

答案参见第175页。

# 找出不同

下面哪个图形与其他的图形都不相同？

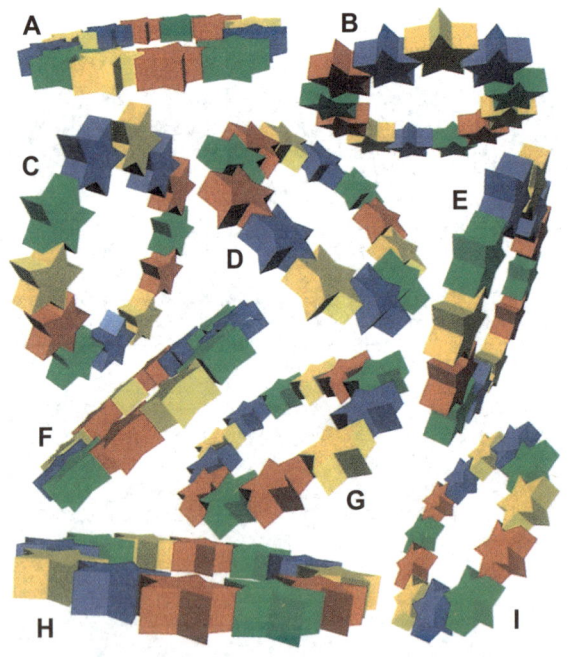

答案参见第175页。

# 平面图

下列选项中有三张都是上方立体图的平面图。请找出与立体图不相符的三张。

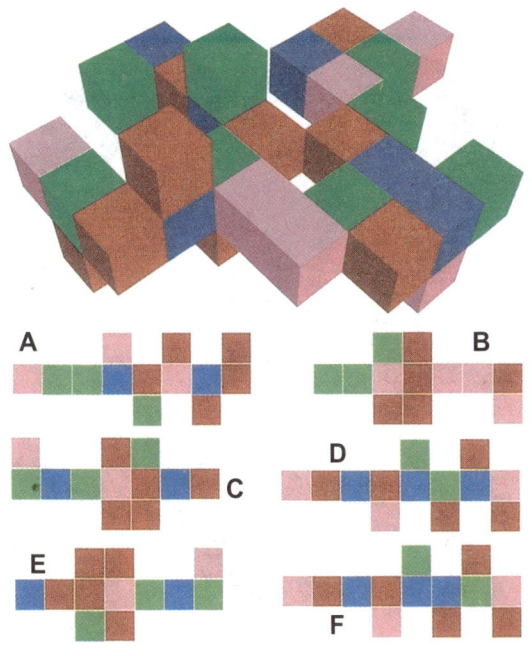

答案参见第175页。

# 配对

下列图形中只有两个完全一样。你能找出来吗?

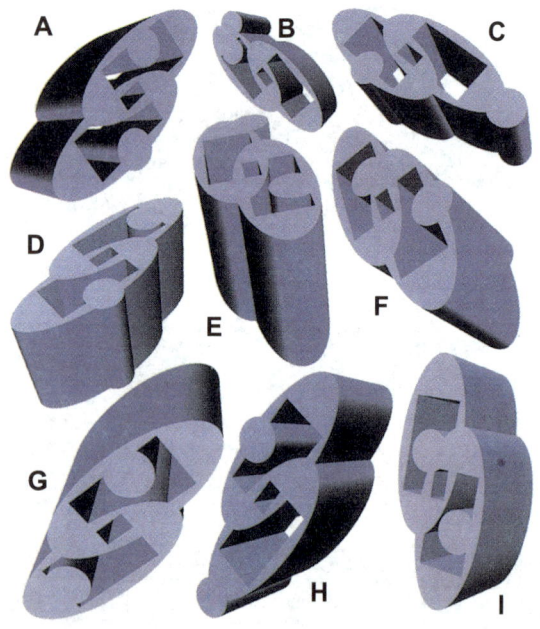

答案参见第175页。

# 答案

**第6页**
答案:B与其他图形不同。

**第7页**
答案:I。

**第8页**

**第9页**

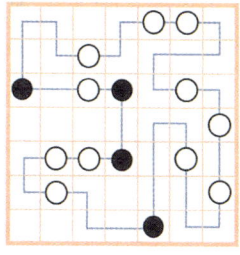

**第10页**
答案:B和G是完全一样的。

**第11页**
答案:如果相邻的六边形中蓝色占多数,则该六边形变成蓝色。如果相邻的六边形中红色占多数,则该六边形变成红色的。如果相邻的六边形中不同颜色数量相等,则该六边形变色。

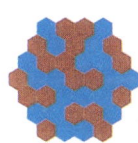

**第12页**

**第13页**

M + 6 = S    U + 4 = Y
C + 1 = D    I + 5 = N
B + 3 = E    W + 2 = Y
答案:SYDNEY(悉尼)。

# 答案

### 第14页
答案:6 272立方厘米。每个小方块的尺寸为4厘米 x 4厘米 x 4厘米,即64立方厘米,剩下的方块总共有98个。64 x 98 = 6 272

### 第15页

### 第16页
答案:B和F是完全一样的。

### 第17页

| 9 | 8 | 2 | 3 | 1 | 7 | 4 | 5 | 6 |
| 6 | 5 | 1 | 2 | 9 | 4 | 7 | 3 | 8 |
| 7 | 4 | 3 | 5 | 6 | 8 | 2 | 1 | 9 |
| 8 | 6 | 7 | 9 | 2 | 1 | 3 | 4 | 5 |
| 3 | 2 | 5 | 4 | 8 | 6 | 9 | 7 | 1 |
| 1 | 9 | 4 | 7 | 3 | 5 | 6 | 8 | 2 |
| 5 | 1 | 9 | 6 | 4 | 3 | 8 | 2 | 7 |
| 4 | 7 | 6 | 8 | 5 | 2 | 1 | 9 | 3 |
| 2 | 3 | 8 | 1 | 7 | 9 | 5 | 6 | 4 |

### 第18页
答案:L3,C13,O15,J5。

### 第19页
答案:
1. 1
2. 1
3. 4
4. 3
5. 红色

### 第20页
答案:M。

### 第21页
答案:总共有25个巢房和8只蜜蜂。将两个数字乘以4,即得到巢房占用率为32%。8只蜜蜂中有6只是醒着的,即3/4或75%。

# 答案

**第22页**

**第23页**

**第24页**

答案：12。内圈数字为对面外圈的两个数字相乘之积。

**第25页**

答案：如果相邻的小三角形中黑色占多数，则该三角形变成橙色；如果相邻的小三角形中橙色占多数，则该三角形变成黑色；如果相邻的三角形中不同颜色数量相等，则该三角形变成黄色；如果现在相邻的三角形中黄色占多数，则该三角形也变为黄色。

**第26页**

答案：
蓝色 = 右
红色 = 左
绿色 = 上
黄色 = 下
最后经过的骰子是第四列最上端的红3。

**第27页**

答案：每个五边形内的数字之和等于20，相邻两个五边形相邻的两个数字之和等于10。

**第28页**

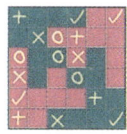

**第29页**

| 5 | 1 | 4 | 6 | 2 | 3 |
|---|---|---|---|---|---|
| 6 | 4 | 5 | 3 | 1 | 2 |
| 4 | 2 | 3 | 1 | 6 | 5 |
| 3 | 6 | 2 | 4 | 5 | 1 |
| 2 | 3 | 1 | 5 | 4 | 6 |
| 1 | 5 | 6 | 2 | 3 | 4 |

# 答案

第30页

第31页

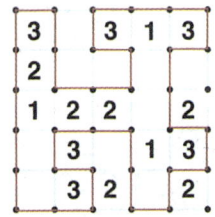

第32页

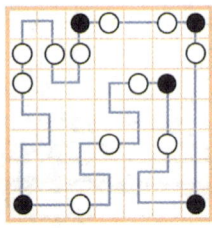

第33页

第34页
答案：E。

第35页

第36页
答案：E与其他图形都不同。

第37页
答案：E。

# 答案

**第38页**
答案：B、C、D与立体图不相符。

**第39页**
答案：C10，J4，M11，H7。

**第40页**
答案：2 520。
数字代表了它们所在图形的边数。当图形重叠时，将数字相加。
A: 6 + 4 + 4 = 14
B: 10 + 4 + 4 = 18
C: 5 + 4 + 1 = 10
14 x 18 x 10 = 2 520

**第41页**
答案：D。

**第42页**

| 7 | 1 | 9 | 8 | 6 | 3 | 5 | 2 | 4 |
|---|---|---|---|---|---|---|---|---|
| 2 | 3 | 6 | 1 | 5 | 4 | 7 | 9 | 8 |
| 8 | 5 | 4 | 2 | 9 | 7 | 1 | 3 | 6 |
| 1 | 6 | 2 | 7 | 8 | 5 | 9 | 4 | 3 |
| 3 | 4 | 5 | 9 | 1 | 2 | 6 | 8 | 7 |
| 9 | 7 | 8 | 3 | 4 | 6 | 2 | 1 | 5 |
| 4 | 2 | 1 | 6 | 7 | 8 | 3 | 5 | 9 |
| 5 | 9 | 7 | 4 | 3 | 1 | 8 | 6 | 2 |
| 6 | 8 | 3 | 5 | 2 | 9 | 4 | 7 | 1 |

**第43页**
答案：25。

 4

 5

 6

 9

**第44页**
答案：55。

 1

 5

 10

 20

**第45页**
答案：紫色 = 2，红色 = 3，黄色 = 4，绿色 = 5，蓝色 = 6。总共需要四个绿球。

# 答案

**第46页**
答案：C和H是完全一样的。

**第47页**
答案：A。

**第48页**
答案：B4，M7，F12，P11。

**第49页**
答案：G。

**第50页**
答案：C。

**第51页**

**第52页**
答案：
蓝色 = 右
红色 = 左
绿色 = 上
黄色 = 下
最后经过的骰子应该是第三列顶端的黄6。

**第53页**
答案：D。与其他骰子相比，数字6经过90度旋转。

**第54页**

# 答案

### 第55页
答案：6。用所有黄色圆圈内的数字之和减去所有粉色圆圈内的数字之和。

### 第56页
答案：A、C、E、F。

### 第57页

| B | F | E | A | C | D |
|---|---|---|---|---|---|
| F | A | D | C | E | B |
| D | C | A | B | F | E |
| A | E | C | D | B | F |
| C | B | F | E | D | A |
| E | D | B | F | A | C |

### 第58页

### 第59页

### 第60页
答案：J。

### 第61页
答案：720。
蓝色图形内的数字即为它们的边数。绿色图形内的数字为它们边数的2倍。当图形重叠时，将这两个数字相乘。
(A) 8 x 8 x 10 = 640
(B) 10 x 8 x 1 = 80，总共720。

# 答案

第62页
答案: D。

第63页
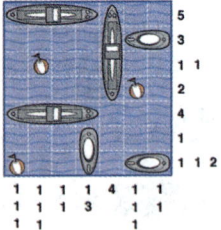

第64页
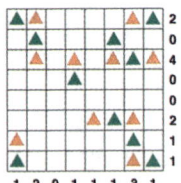

第65页

第66页

| 3 | 1 | 2 | 2 |   | 3 |
|---|---|---|---|---|---|
| 3 |   |   |   | 2 | 2 |
| 2 | 2 |   |   |   |   |
|   | 3 | 1 | 3 | 3 | 2 |
| 2 |   | 2 | 2 |   |   |
| 2 | 2 | 2 | 2 | 2 |   |

第67页

| 1 | 5 | 2 | 3 | 6 | 4 |
| 2 | 6 | 3 | 4 | 5 | 1 |
| 6 | 4 | 5 | 1 | 2 | 3 |
| 5 | 3 | 1 | 2 | 4 | 6 |
| 3 | 2 | 4 | 6 | 1 | 5 |
| 4 | 1 | 6 | 5 | 3 | 2 |

第68页

| 8 | 2 | 1 | 2 | 2 | 4 |
| 6 | 3 | 1 | 6 | 2 | 3 |
| 4 | 9 | 3 | 6 | 3 | 5 |
| 5 | 7 | 1 | 5 | 5 | 5 |
| 2 | 9 | 3 | 1 | 6 | 4 |
| 9 | 7 | 3 | 2 | 3 | 7 |

第69页
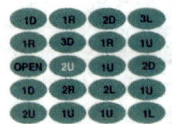

# 答案

### 第70页

| 5 | 2 | 9 | 1 | 6 | 8 | 3 | 4 | 7 |
|---|---|---|---|---|---|---|---|---|
| 1 | 3 | 7 | 9 | 2 | 4 | 6 | 8 | 5 |
| 4 | 6 | 8 | 7 | 3 | 5 | 1 | 9 | 2 |
| 6 | 7 | 1 | 4 | 5 | 9 | 2 | 3 | 8 |
| 3 | 9 | 4 | 2 | 8 | 1 | 7 | 5 | 6 |
| 2 | 8 | 5 | 6 | 7 | 3 | 4 | 1 | 9 |
| 7 | 1 | 6 | 8 | 4 | 2 | 9 | 5 | 3 |
| 8 | 4 | 3 | 5 | 9 | 6 | 7 | 2 | 1 |
| 9 | 5 | 2 | 3 | 1 | 7 | 8 | 6 | 4 |

### 第71页
答案：绿色：1，粉色：2，紫色：3，红色：4。

### 第72页
答案：D和I是完全一样的。

### 第73页

答案：如果相邻的方格中（不包括对角线）红色占多数，则该方格变成红色；如果相邻的方格中蓝色占多数，则该方格变成蓝色；如果相邻的方格中不同颜色数量相等，则该方格变成灰色；如果现在相邻的方格中灰色占多数，则该方格也变为灰色。

### 第74页

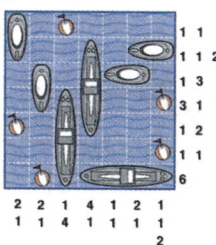

### 第75页

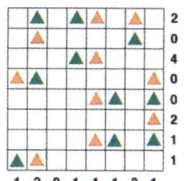

### 第76页

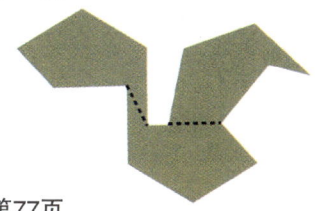

### 第77页

# 答案

### 第78页

答案：每个五边形内的数字之和等于24，相邻的两个五边形相对的两面中的数字相乘也为24。

### 第79页
答案：A。方阵中每行、每列的三个图形边数总和为12，而且两个图形是黄色的，一个是红色的。

### 第80页

| 3 | 1 | 4 | 5 | 2 | 6 |
|---|---|---|---|---|---|
| 5 | 6 | 1 | 2 | 3 | 4 |
| 1 | 5 | 6 | 3 | 4 | 2 |
| 2 | 4 | 3 | 1 | 6 | 5 |
| 4 | 3 | 2 | 6 | 5 | 1 |
| 6 | 2 | 5 | 4 | 1 | 3 |

### 第81页
答案：2。用所有蓝色圆圈中的数字之和除以所有绿色圆圈中的数字之和。

### 第82页

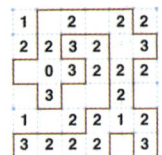

### 第83页

| 5 | 10 | 9 |
|---|----|---|
| 12 | 8 | 4 |
| 7 | 6 | 11 |

### 第84页

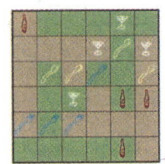

### 第85页
答案：图案中总共有100个正方形，其中38个红色正方形，因此红色占38%。蓝色正方形总共有24个，其中6个内部有星星，占1/4，也就是说，25%的蓝色正方形内有星星。

# 答案

### 第86页
答案：J12，B2，P9，F7。

### 第87页

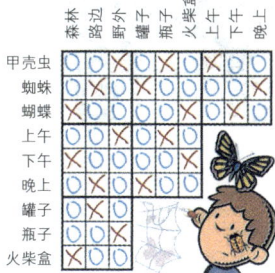

### 第88页

| 1 | 2 | 6 | 9 | 7 | 8 | 5 | 3 | 4 |
|---|---|---|---|---|---|---|---|---|
| 8 | 4 | 7 | 1 | 3 | 5 | 2 | 9 | 6 |
| 3 | 5 | 9 | 6 | 4 | 2 | 1 | 7 | 8 |
| 9 | 6 | 1 | 8 | 5 | 3 | 7 | 4 | 2 |
| 7 | 3 | 4 | 2 | 1 | 6 | 9 | 8 | 5 |
| 2 | 8 | 5 | 7 | 9 | 4 | 6 | 1 | 3 |
| 4 | 1 | 2 | 3 | 6 | 7 | 8 | 5 | 9 |
| 6 | 7 | 3 | 5 | 8 | 9 | 4 | 2 | 1 |
| 5 | 9 | 8 | 4 | 2 | 1 | 3 | 6 | 7 |

### 第89页
答案：
1. 2
2. 2
3. 粉色
4. E
5. 2

### 第90页

| 2 | 8 | 9 | 6 | 4 | 7 | 3 | 1 | 5 |
|---|---|---|---|---|---|---|---|---|
| 4 | 5 | 7 | 1 | 8 | 3 | 6 | 2 | 9 |
| 6 | 3 | 1 | 9 | 5 | 2 | 7 | 8 | 4 |
| 1 | 9 | 4 | 2 | 3 | 8 | 5 | 6 | 7 |
| 8 | 7 | 2 | 5 | 9 | 6 | 4 | 3 | 1 |
| 5 | 6 | 3 | 7 | 1 | 4 | 8 | 9 | 2 |
| 9 | 1 | 8 | 3 | 7 | 5 | 2 | 4 | 6 |
| 3 | 2 | 4 | 4 | 6 | 1 | 9 | 7 | 8 |
| 7 | 4 | 6 | 8 | 2 | 9 | 1 | 5 | 3 |

### 第91页
答案：36。将所有红边角内的数字相加，然后总数乘2。
（3+3+7+5）×2=18×2＝36

### 第92页

### 第93页

B+6=H　Z+1=A　K+3=N
Y+5=D　A+4=E　J+2=L
答案：HANDEL（亨德尔）

# 答案

第94页
解答:

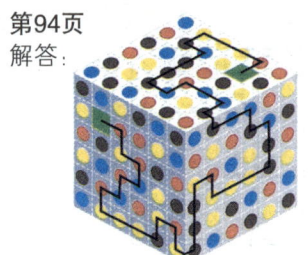

- ● = 上
- ● = 左
- ● = 下
- ● = 右

第95页
答案：N。

第96页
答案：A、E、F与立体图不相符。

第97页

|   |   |   | 216 |   |   |   |
|---|---|---|---|---|---|---|
|   |   | 109 | 107 |   |   |   |
|   |   | 53 | 56 | 51 |   |   |
|   | 24 | 29 | 27 | 24 |   |   |
|   | 11 | 13 | 16 | 11 | 13 |   |
| 5 | 6 | 7 | 9 | 2 | 11 |   |

第98页

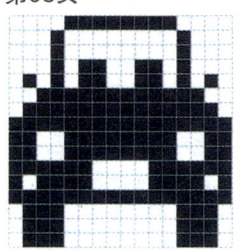

第99页
答案：O2，C15，H14，E6。

第100页
答案：2 484立方厘米。每个小方块的尺寸为3厘米x 3厘米 x 3厘米，即27立方厘米，剩下的方块总共有92个。27 x 92 = 2 484

第101页
答案：B。右侧面应该是6。

# 答案

### 第102页

### 第103页

| 5 | 1 | 6 | 4 | 2 | 3 |
|---|---|---|---|---|---|
| 4 | 3 | 1 | 5 | 6 | 2 |
| 6 | 2 | 5 | 1 | 3 | 4 |
| 3 | 6 | 4 | 2 | 1 | 5 |
| 1 | 5 | 2 | 3 | 4 | 6 |
| 2 | 4 | 3 | 6 | 5 | 1 |

### 第104页

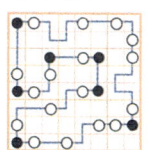

### 第105页

### 第106页

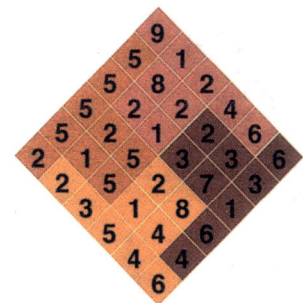

### 第107页

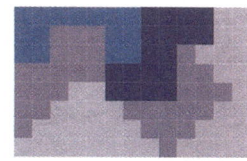

### 第108页
答案：面向左，尾巴为粉色的猪。尾巴颜色相同的两只猪后面跟一只面朝左的猪；两只朝向相同的猪后面的猪有粉色尾巴。

### 第109页
答案：A，C，E，H。

# 答案

第110页

第111页

第112页

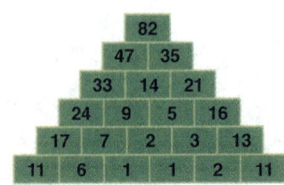

第113页

第114页
答案：紫色 = 3，绿色 = 4，蓝色 = 5，黄色 = 6，红色 = 7。总共需要3只红球。

第115页
答案：D。

第116页
答案：H。

第117页
答案：
橙色：1
黑色：2
蓝色：3
绿色：4

# 答案

### 第118页

| 2 | 3 | 2 | 1 | 3 | 2 |
|---|---|---|---|---|---|
| 3 | 0 | 3 | 1 | 2 | 2 |
| 2 | 2 | 1 | 2 | 2 | 2 |
| 2 | 2 | 3 | 3 | 2 | 2 |
| 3 | 0 | 2 | 0 | 2 | 2 |
| 2 | 3 | 3 | 2 | 1 | 1 |

### 第119页

| 9 | 8 | 1 | 2 | 3 | 7 | 5 | 6 | 4 |
|---|---|---|---|---|---|---|---|---|
| 3 | 7 | 5 | 4 | 6 | 1 | 2 | 9 | 8 |
| 2 | 4 | 6 | 9 | 8 | 5 | 7 | 3 | 1 |
| 8 | 6 | 7 | 1 | 2 | 9 | 3 | 4 | 5 |
| 1 | 9 | 4 | 3 | 5 | 6 | 8 | 2 | 7 |
| 5 | 3 | 2 | 7 | 4 | 8 | 9 | 1 | 6 |
| 6 | 1 | 3 | 5 | 7 | 2 | 4 | 8 | 9 |
| 7 | 2 | 8 | 6 | 9 | 4 | 1 | 5 | 3 |
| 4 | 5 | 9 | 8 | 1 | 3 | 6 | 7 | 2 |

### 第120页

答案：每组横向和纵向的三个图形的外部正方形分别为蓝色、黄色和白色。每行三个图形内部都有菱形，一个为蓝色，两个为黄色。每行都有一颗蓝色星星和两颗黄色星星。缺失的图片应该是外部正方形为黄色，内部为蓝色菱形，并且有一颗黄色星星的。

### 第121页
答案：B和G是完全一样的。

### 第122页
答案：C。方阵中每行、每列都有一个靶、两支金箭（一个朝左、一个朝右），以及三支蓝箭（两支朝右，一支朝左）。

### 第123页
答案：6。犯人逃跑前船上总共关押了12个犯人，这样船上总共有40个人，40的15%为6。

### 第124页

| 2 | 9 | 3 | 5 | 1 | 8 | 4 | 6 | 7 |
|---|---|---|---|---|---|---|---|---|
| 8 | 4 | 5 | 3 | 6 | 7 | 2 | 9 | 1 |
| 1 | 7 | 6 | 9 | 4 | 2 | 3 | 5 | 8 |
| 4 | 6 | 2 | 7 | 8 | 9 | 1 | 3 | 5 |
| 3 | 1 | 9 | 2 | 5 | 6 | 8 | 7 | 4 |
| 5 | 8 | 7 | 4 | 3 | 1 | 9 | 2 | 6 |
| 6 | 3 | 1 | 8 | 7 | 5 | 9 | 4 | 2 |
| 9 | 5 | 4 | 1 | 2 | 3 | 7 | 8 | 6 |
| 7 | 2 | 8 | 6 | 9 | 4 | 5 | 1 | 3 |

### 第125页
答案：
1. 蓝色
2. 蓝色
3. 4个
4. 7个
5. 4个

# 答案

**第126页**
答案：4。将粉色圆形中所有的数字相乘，绿色圆形中的数字相加。然后用粉色的值除以绿色的值。
3 x 2 x 4 x 2 = 48
1 + 6 + 2 + 3 = 12
48除以12等于4。

**第127页**

**第128页**
答案：2 900平方毫米。每个小方格大小为20毫米 x 20毫米，即400平方毫米。图形树共占了五个正方形、四个面积为正方形1/2的三角形和两个占正方形1/2的长方形。减去橘子占据的300平方毫米。

**第129页**

**第130页**

| B | F | C | D | A | E |
|---|---|---|---|---|---|
| D | A | F | B | E | C |
| E | C | A | F | B | D |
| A | E | B | C | D | F |
| F | D | E | A | C | B |
| C | B | D | E | F | A |

**第131页**
答案：图案中总共有135个正方形。其中50个为白色，4个有星星。135除以54为2.5。100除以2.5等于40，因此54即代表135中的40%。因此余下的既不是白色、又不含星星的正方形所占比例应该为60%。

**第132页**

| 10 | 9 | 14 |
|---|---|---|
| 15 | 11 | 7 |
| 8 | 13 | 12 |

**第133页**
答案：齿轮A旋转22.5圈，这时齿轮B正好旋转20圈，齿轮C旋转18圈，齿轮D旋转10圈。

# 答案

### 第134页

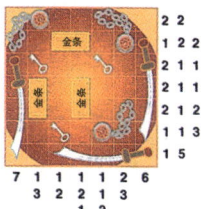

### 第135页

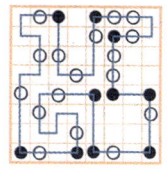

### 第136页

答案：在"6"格内。小球以4米/秒（相对于轮盘）的速度运行15秒，在顺时针方向运行的总距离为6 000厘米。轮盘周长为320厘米（2 x π x 半径〈50厘米〉）。这样小球在轮盘上应该转过18.75圈（6 000 ÷ 320 = 18.75），落在距"0"格顺时针方向3/4个圆的地方，即"6"格内。

### 第137页

答案：F8，N10，B16，O2。

### 第138页

解答：27。

 **2**
 **4**
 **6**
**13**

### 第139页

### 第140页

答案：50。将较大的两个红边角内的数字相乘，然后将较小的两个红边角内的数字相乘。再将所得的两个值相减即可。8 x 7 = 56, 6 x 1 = 6, 56 – 6 = 50

### 第141页

答案：9、2和2。在他知道双胞胎比另一个孩子小之前，教授还想到另外一种可能性，分别是6、6、1。

173

# 答案

**第142页**
答案：18。

 3

 1

 5

 11

**第143页**
答案：B。

**第144页**

| | 2 | 1 | 1 | | 3 | | 2 |
|---|---|---|---|---|---|---|---|
| 4 | | 3 | 1 | | | | |
| | | | | | | 1 | 1 |
| | | | 3 | | 2 | 0 | |
| | 2 | 2 | | | 3 | 3 | |
| 2 | | 2 | 4 | | | | |
| 2 | | | | | | 6 | 3 |
| | 3 | | | 3 | 4 | | |
| 2 | | | 3 | 4 | | 3 | |

**第145页**

| 2 | 6 | 3 | 4 | 1 | 5 |
|---|---|---|---|---|---|
| 1 | 2 | 6 | 3 | 5 | 4 |
| 6 | 4 | 5 | 1 | 2 | 3 |
| 5 | 3 | 1 | 6 | 4 | 2 |
| 3 | 5 | 4 | 2 | 6 | 1 |
| 4 | 1 | 2 | 5 | 3 | 6 |

**第146页**
答案：C。后面一张图片中圆点的颜色即为前面图片中背景方框的颜色；正方形采用了前面图片中圆点的颜色；&符号的颜色为前面图片中正方形的颜色；而背景方框的颜色即为之前&符号的颜色。

**第147页**

**第148页**
答案：66。
每个辅音字母记作1，每个元音字母记作2，然后将总和乘以第一个字母在字母表中的位置。
5 + 6 = 11, 11 x 6 = 66

**第149页**
答案：85。
粉色图形的值为其边数的两倍。蓝色图形的值为其边数的三倍。当图形重叠时，将它们的总数相加。
(A)8+9+12=29
(B)8+18+30=56 总共：85。

# 答案

第150页

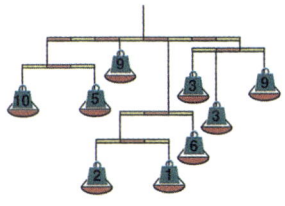

第152页

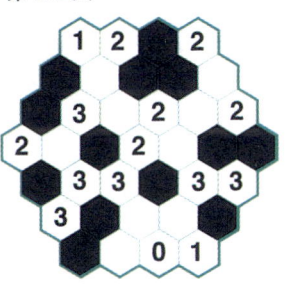

第151页

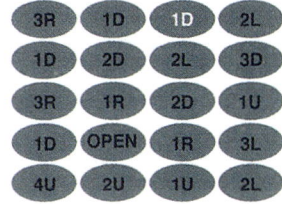

第153页
答案：N。

第154页
答案：F与其他图片都不同。

第155页
答案：B、C、F与立体图不符。

第156页
答案：C和H是完全一样的。

# 你的游戏笔记